◎经典与现代融合◎ 最新的实例、最经典的和风元素带来最浓郁的日式风情

（日）三桥一夫 高桥一郎 著
张 乔 译

现代日式庭院设计

海峡出版发行集团 | 福建科学技术出版社
THE STRAITS PUBLISHING & DISTRIBUTING GROUP | FUJIAN SCIENCE & TECHNOLOGY PUBLISHING HOUSE

目录

现代日式庭院设计

观赏庭院造景设计与施工

庭院的添景物

观赏庭院造景元素实例和做法

现代日式庭院设计实例

造型新颖的小瀑布，以多彩多姿的表情取悦观赏者。

石洞窟是被认为能表达蓬莱仙境的意象石组之一，故以石洞窟作为庭院的一景。（设计/吉河功）

庭院前面有一大片的砾石空间，左后方是“虎引彪渡”的石组。

树木造景的庭院

在有限的空间里栽植桫椤、青枫、四照花等，利用杂木树干线条的巧妙配置，打造风情万种的中庭。（设计／岩谷浩三）

以茂密的绿树为主构成的典型日式庭院。精心修剪过的树木形态各异、错落有致，古朴的园石在树木的掩映下若隐若现。

水是许多庭院中不可或缺的元素，能与其他元素共同构成美丽的水景。走在石板铺成的通道能眺望草坪中的杂木。（设计／三桥一夫）

石径边的植物搭配要层次分明。小枹树、红叶、青皮、青枫等的组合，恰到好处地演绎出祥和安逸的风格。（设计／三桥一夫）

在较小的空间栽种树木，最好将部分树枝剪去，让叶片看似从树杆直接长出。（设计／三桥一夫）

稀疏地栽植着高的红叶和青枫，以及矮的马醉木、柃木，以玉龙草作为地被植物，给人宁静舒适的感觉。

草坪造景的庭院

拥有一大片草坪的开放式庭院，把露台、通道、草坪和远景融合，使视野开阔，景观极佳。（设计 / 三桥一夫）

利用通道把庭院一分为二，后方是圆石和矮柏，前方是通道、草坪和高的落叶树，景色相得益彰。（设计 / 三桥一夫）

建筑物的周围特意配置植栽，透过植栽可看到草坪，使人能感受平和之美。（设计 / 三桥一夫）

由长形石块铺成的石径在草坪中显得富有节奏感，屋帘下的大块飞石从视野上看一以贯之，形成有紧凑气氛的草坪庭院。

建于郊外的山中别墅静谧安逸。直接利用树林的自然起伏，建造宽阔的草坪庭院。（设计 / 三桥一夫）

庭院中心铺草皮，周围铺设石径，使草坪变成可提供多种生活用途的休憩空间。

竹造景的庭院

栽植兼具地面绿化和固定小石块作用的小箬竹，呈现出线条和起伏的美感。（设计 / 吉河功）

用土墙区隔，并使用旧的石造物、庭石、砾石和棕榈竹，共同构成寺院式庭院。

由苦竹、灌木和园草打造的中庭，重点在于如何把竹子的线条自然组合。

青苔造景的庭院

美国华盛顿州立大学校园内的日式青苔造景庭院。因庭院管理有序，风景优美，所以参观的人很多。（设计/饭田十基）

古色古香的文化博物馆中的庭院，呈现出一派沧桑的韵味，透出浓厚的历史文化积淀。

地被植物、踏脚石和赤旃檀充分表现出协调之美，高度刚好的石灯笼也充满美感。（设计/岩谷浩三）

园路、庭石、青苔、树木一体化，让美丽的风景随着步行道展开。（设计/曾根造园）

石组、砾石造景的庭院

寺庙中的庭院，展现出气势宏大的景观。

从石堆中流下的瀑布。造景用的每块石头的高度、形状、重量都经过精心挑选，力求使景观达到自然完美的状态。（设计/三桥一夫）

拥有厚重气氛的枯山水庭院。透过前面的石桥组可看到后侧的枯瀑布。（设计/吉河功）

玄关前的庭院。从左后方开始的枯流，穿过通道下面，在宽广的前庭展开。（设计/三桥一夫）

由枯瀑布、枯池、石洞窟组合而成的以石组为主题的庭院，巧妙地利用石块的配置表现出古典式庭院的风雅。（设计/吉河功）

使用小圆石装饰枯流边缘，古典式竹篱变成一道美丽的风景。
（设计/吉河功）

把围墙外的树木景观纳入庭院，使庭院与自然融为一体。
（设计/中岛健）

庭院中的步道踏脚石成为景观的重点，整齐平铺的砾石体现出清净感。（设计/曾根造园）

水池、流水造景的庭院

把瀑布引入池塘，展现出不一样的风情。石组的搭配和摆放有原野景观的自然感。（设计 / 三桥一夫）

设置在主庭里的自然风水池，池边的线条十分优美，瀑布和护岸的石组也很抢眼，给人华丽的印象。（设计 / 吉河功）

有瀑布和沙洲的池塘，利用前方的大石块来强调远近感，而且每块石头都精心“雕琢”过。（设计 / 三桥一夫）

形状整齐的西洋式水池，石组是由方形的石块组成。

来自瀑布的流水从屋前穿过，静静地流淌，与整个庭院安静自然的基调相契合。（设计/三桥一夫）

在庭院中配置流水更添韵味，但水边的石块和草木的安排，必须讲究高低搭配的美感。

从各个角度都能观赏到石组和水流的动感。美丽的流水动线镶嵌在绿色草坪中，显得相当耀眼。（设计/吉河功）

用长满青苔的石组营造枯流的景观。从护岸石块和石桥组的铺排，可看出设计师的技巧和用心。
（设计/吉河功）

中庭

石头中间凿出凹槽作为水钵，同时配以景石与草木，打造出幽静祥和的空间。（设计/三桥一夫）

在玄关侧边的狭小空间，景石的摆设、植物的配置、构景的布局无不体现出浓厚的东方韵味。（设计/三桥一夫）

玄关内比木地板低一阶的空间，通过玻璃门延伸到外面，扩大了空间感。（设计/三桥一夫）

茶庭

透过茶室小门可以看见石制的洗手盆，让人在宁静中能边聆听水滴声边观赏美景。（设计/三桥一夫）

茶庭追求的是实用和美观，所以住宅茶庭的建造必须方便使用并具美感。（设计/三桥一夫）

茶径是指通往茶室的通道，也可称为“露地”。本例是可从石凳经过茶径走向茶室。（设计/吉河功）

利用柴扉把茶庭内外区分开来，多了一分神秘感，也让人更有期待。（设计/吉河功）

通道

通道故意设计转弯处，给人“柳暗花明又一村”的新奇感。（设计 / 三桥一夫）

长长的通道用花岗岩和锈色砾石铺成。宽大的草坪空间是儿童游戏场所。（设计 / 三桥一夫）

茶室旁边配以精心挑选的丹波石、青枫和台湾杉等，增添宁静祥和气息。（设计 / 三桥一夫）

在随意拼贴的丹波石通道上增加缘石，再以水钵和植栽作为点缀凸显通道的风格。（设计 / 三桥一夫）

铺丹波石的通道两旁增添观赏景致，颜色的搭配、植栽的选择恰到好处，构成一幅色彩鲜艳的乡景图。

观赏庭院造景设计与施工

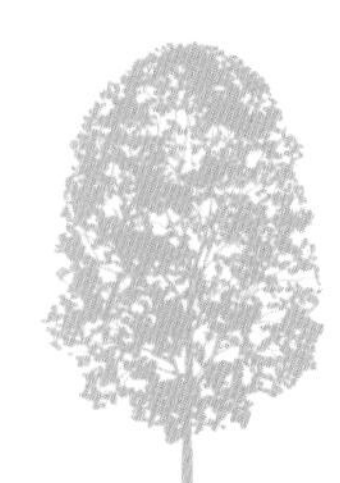

开始庭院造景之前

有关“庭院造景的方法”，在许多庭院设计类的书中都有说明，但对一般读者来说，了解了这些方法之后，自己打造庭院还是很困难，最佳的选择是咨询庭院设计师，相信一定能获得满意的协助。

■打造什么风格的庭院

首先要决定的是庭院的风格。

当我们和业主进行第一次商谈时，多半的业主对庭院风格没有具体的概念。因此，我们可以把实例照片或书籍等作为参考，在闲聊中去发现业主的喜好。

■落实庭院风格

为了使庭院风格具体化，首先应了解如下的庭院区分方法：

①**按风格分**——日式庭院或西式庭院；

②**按使用目的分**——喝茶用的庭院、游戏用的庭院、休闲用的庭院；

③**按构成要素分**——石组庭院、流水或池塘庭院、草坪庭院、杂木庭院或以装饰物为主的庭院等。

在确定庭院风格时，要注意的是庭院的面积有限，不要安排过多的元素，尽量以简洁利落为目标。

■根据预算打造庭院

着手打造庭院之前要做好预算，超出预算的规划，将会徒劳无功。在规划阶段，应该先初步确定庭院的大体风格，等整体规划出炉后，再依据预算进行修改，然后分期施工。

■按照规划进行设计

进行庭院设计时，必须确定下列事项：

①**土地条件**——地形、高低差等；

②**用地和建筑物的结合方式**——造型、方位等；

③**家族成员**——有无幼儿、老人；

④**喜好**——风格、植栽的喜好等；

⑤**预算**——不要超出预算。

●**土地条件**

可细分为：

a 用地的形状以及面积；

b 建筑物的位置；

c 道路以及用地的高低差；

d 方位以及通风、日照条件等。

以上诸项要落实清楚才可拟订规划方案。除了要考虑地形，排水、通风、日照等条件也应作为考虑的重点。通风不良，苔、草等地被植物会生长不良。日照不充足，也会影响植物的生长 。

用地的方位和形状，则是无法改变的条件。如果庭院在北侧，而且细长，通风不良，日照也差，则不宜多栽种植物，可设计成以石组为主题的庭院，或者根据用地的条件灵活处理。

●用地和建筑物的结合方式

建筑物在用地的哪个方位、距离边界多远，玄关位置在何处，这些也是决定庭院造景的重要条件。

●家族成员

如果家中有幼儿，必须考虑到游戏时的安全性；家中有老人，要考虑行走的便利性。

●喜好

虽然庭院风格会因建筑物造型而有所限制，但可以尽量把个人喜好优先纳入规划考虑。

●预算

最后的重点是预算。庭院可以自己打造，也可以委托专业公司设计施工，可根据实际情况仔细考虑预算的分配，尽量做到不超出预算。

■考虑庭院的维护、管理

庭院的形态多彩多姿，但完成庭院造景后的日常维护、管理也要事先加以考虑。

例如计划种树，就要考虑到若栽种太多像松树这类不易管理的树时，每年必须花一笔较大的管理费用；想建造流水或池塘景观时，就要考虑到若缺乏能让水保持清澈的过滤设备，那么就需要经常清洁水池；要打造较大的露台，而且想经常用水冲洗露台，为了避免庭院泡水，就需要排水设备……

兼具通道作用的庭院。铺丹波石的通道，是庭院的重点。（设计／三桥一夫）

有些业主偏爱草坪空间，因为工期短、实用又便宜，但若想使草坪保持美丽、青翠的状态，就需要经常除杂草、修剪等，这也非易事。草坪空间最好不要布置不必要的装饰物，以方便修剪。总之，要把庭院维护管理上的困难纳入你的规划中充分考虑。

■庭院没有够不够大的问题

常听到有人说：“我家的庭院太窄小了。”其实无论多宽或多窄的庭院，都各有其造景的方法。所以大家应针对目前的庭院空间条件，从各角度考虑，激发具创意的设计构想。

■考虑和建筑物的协调

庭院造景时应考虑和建筑物的协调性。因为通常有所谓先盖建筑物，再盖门墙，最后造景的顺序，所以建筑物和庭院必须风格协调才行。但也不必因为建筑物是西式或日式，庭院就一定得采用同样风格，应根据实际，结合个人喜好，打造一个能和建筑物和谐共存又具个性的庭院。

树木造景庭院的设计与施工

■用地的规划与设计（图①）

依据用地内建筑物来决定庭院的规划与设计，这是很多人都存在的认识误区。建筑物盖好了，才考虑打造庭院，这样一来，可能会发生诸如玄关设置不当，导致连通道都找不出空间等窘况。所以在规划时，用地内的建筑物和庭院合理配置等就成了关键。而且每家的条件或环境都不相同，请务必思虑周全再做决定。

●主庭

主庭因多半面对着会客室、客厅、起居室等，故常被用作休憩的场所。主庭是可依据自己喜好自由发挥的场所，如喜欢花草就建造花坛，想要露台就设置露台，并当作建筑物延伸的空间。也可组合植栽和流水，以景观为主题，营造祥和稳重的气氛。无论是什么形式、什么风格的主庭，只要能带给生活安定感，就算是成功之作。

●前庭——兼作通道

从门到玄关的通道以及其周围的植栽、景物组成前庭。客人来访时，首先接触到的就是前庭。除了植栽，铺石也是庭院景色的要素。以“散步”为主题的实用前庭，其作用就如同茶庭的“露地”，所以重点在表现其深度感。

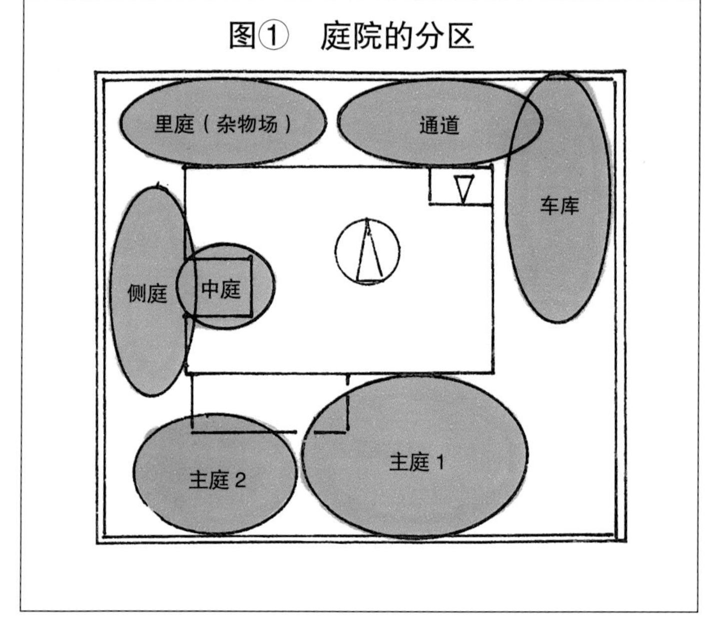

●中庭

在建筑物内部，能够提供良好日照、通风条件的空间就是中庭。中庭是沉淀心情、放松自己的好去处。

在欧洲，西班牙式的中庭最有名，兼具实用性和观赏性。而日本式中庭多半成为让精神宁静的场所。

●里庭——杂物场

里庭一般在厨房门口附近，是用来摆放置物架、较大型生活用品等，并当作晒衣场等的场所，是现实生活中不可或缺的部分。

●侧庭

侧庭具有连接主庭和里庭的作用，因此必须讲究实用，并以方便行走为主要目的。

■栽种庭院树木之前

确定好庭院打造计划，准备栽种庭院植物之前，请先检查用地的土质。不同的树木有其适应的生态环境，花草也各有其适合成长的土壤，所以土壤若不适合树木、花草生长时，就必须加土，甚至换土。栽种高大树木时，土壤必须有足够的深度和宽度，让其根充分生长。

其次是“日照”和“通风”。植物需要充分的日照才能生长，这是栽种植物的重要条件。另外，为达到良好的通风效果，栽种树木时宜稍微稀疏些。

至于要栽种哪些植物，可参考附近庭院或绿化地的状况。例如邻居种些什么植物，或者附近林地种些什么植物。种植与之相同种类的植物，相信它们就能适应这里的土壤和气候。不用担心自家庭院景观会和邻居家的一模一样，因为即使采用相同的植物，但栽种位置不同，处理方式不同，就可以有不一样的感觉。

■庭院树木的作用

●主木、中木、下木

庭院树木按使用目的以及属性的不同，分为主木、中木、下木。在庭院的哪个部分使用什么品种、什么形状的树木，都是决定庭院景观的关键。

栽种在庭院中心的树木称为主木，是庭院景观的重点，有统合庭院的作用。可种植松树、罗汉松、杉树、杨梅、黄杨等作为主木。

中木是庭院景观重要组成部分，庭院中多半的树木属于中木。细叶冬青、茶梅、辛夷、茶花、樱树等都可作为中木种植。

下木具有衬托主木和中木的作用，多半为较为低矮的树木，如瑞木、雪柳、连翘、杜鹃、枸骨南天、柃木、五月杜鹃、马醉木等。

●阴树和阳树

庭院树木分为喜欢背阴、半日照的阴树和喜欢全日照的阳树两种，因此要考虑建筑物和庭院的方位以及日照时间长短，来决定使用阴树还是阳树。

●落叶树和常绿树

若庭院全部使用常绿树，就会显得单调，缺乏变化感。应配植一些落叶树，让常绿树成为落叶树落叶时的背景。这样既不影响庭院景观，又能增添趣味，因落叶树会在一年内呈现新绿、开花、浓绿、红叶、落叶等各种模样。因此庭院要以常绿树为主，并配植落叶树。

●栽种时的注意事项

具体的栽种方法，下文会有详细介绍。栽种时首先要考虑树木 3 年内的成长状态，若仅追求当下的茂盛外观，3 年后可能出现拥挤杂乱，并且可能出现通风不良、发生病虫害等问题。而且，树木的生长速度各不相同，现在的高树和矮树到了日后可能相反，呈现截然不同的样貌。

※ 考虑完庭院造景相关事项后，就要着手选择合适的庭院树木，接下来要结合实际施工的情况，介绍具体树木的种类及栽种和管理方法等。

■庭院树木的种类

庭院树木的种类，最好要依据实际庭院造景需要进行划分，如可划分为：阳树和阴树；适合西式庭院的树和适合日式庭院的树；常绿树和落叶树；高木（指植株较高的）、中木（指植株高度中等的）、低木（植株较矮的）；不同用途的；不同使用场所的。

●阳树（图②）

落叶高木：榉木、银杏、白桦、合欢、花瑞木、四照花、山红叶、栎树、辛夷、石榴、梅树、樱树、百日红、桫椤（夏椿）、木兰、青枫、齐墩果、冥楂、七度灶、赤杨等。

常绿高木：松树、马目、龙柏、柳杉、月桂、洋玉兰、喜马拉雅杉、马刀叶槠、冬青、厚皮香、山桃、野山茶等。

常绿中木：光叶石楠、金木樨、黄杨木、侧梅、海桐、正木、圆叶火棘等。

常绿低木：五月杜鹃、杜鹃、忍冬、山月桂、车轮梅、瑞香、铁树、石楠、矮桧等。

落叶低木：落霜红、金雀儿、栌子、麻叶绣球、山楂、垂枝红叶、连翘、粉花绣线菊、棣棠、满天星、卫茅、紫棘、姬苹果、向日瑞木、紫藤、草木瓜、檀木、金缕梅、三叶杜鹃、雪柳等。

●阴树（图③）

常绿高木：罗汉松、紫杉、金松、小叶罗汉松、杨桐、珊瑚木、女真、丝柏、棕榈树、枸骨木樨等。

常绿中木：隐蓑、野山茶、枸骨等。

落叶低木：萼八仙、荚米等。

图② 阳树的种类和栽种场所

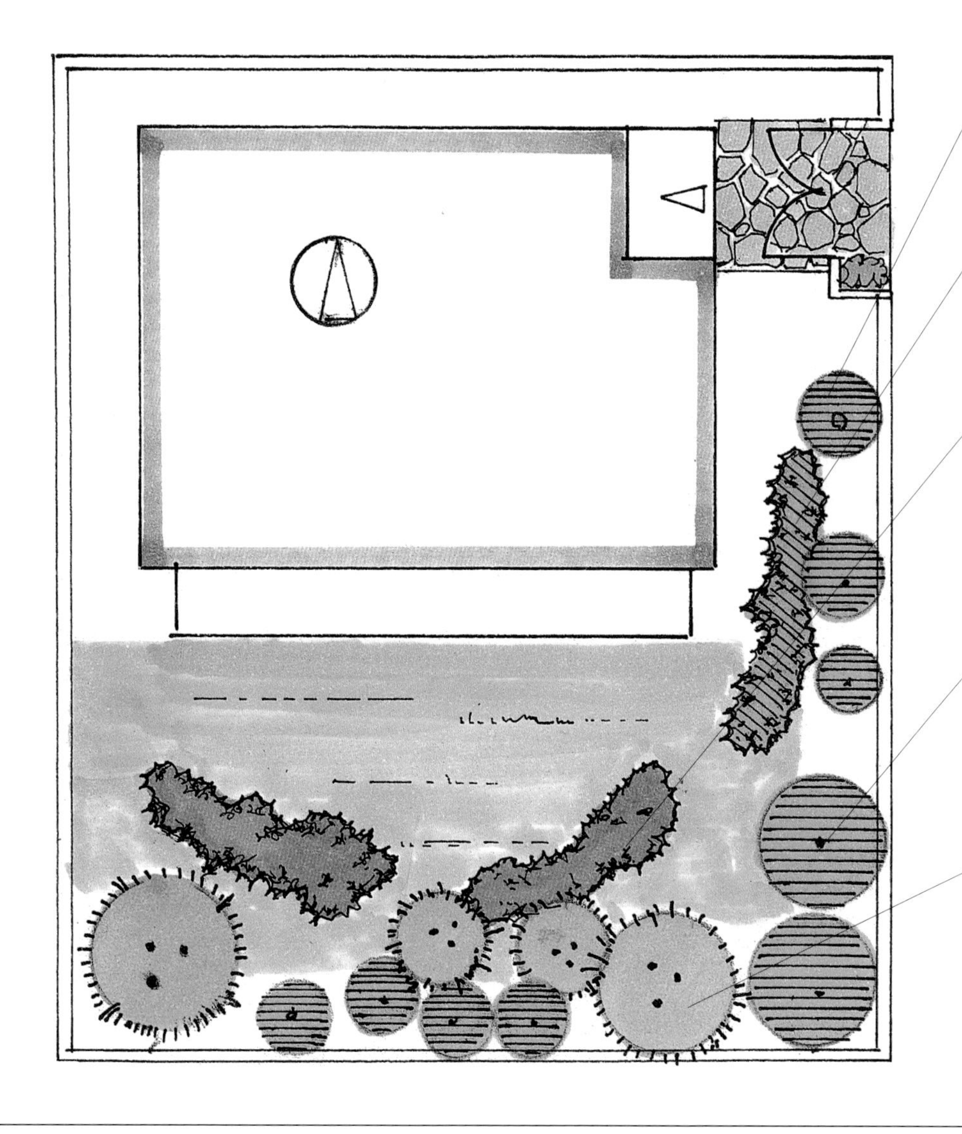

常绿中木 光叶石楠、金木樨、黄杨木、侧梅、海桐、圆叶火棘等。

常绿低木 杜鹃、忍冬、山月桂、车轮梅、瑞香、石楠、矮桧等。

落叶低木 落霜红、金雀儿、栌子、麻叶绣球、山楂、垂枝红叶、连翘、粉花绣线菊、棣棠、满天星、卫茅、荻、紫荆、向日瑞木、檀木、金缕梅、三叶杜鹃、雪柳等。

常绿高木 松树、马目、龙柏、柳杉、月桂、洋玉兰、喜马拉雅杉、马刀叶槠、冬青、厚皮香、山桃、野山茶等。

落叶高木 榉木、银杏、白桦、合欢、花瑞木、四照花、山红叶、栎树、辛夷、石榴、梅树、樱树、百日红、杪椤（夏椿）、木兰、冥楂、赤杨等。

常绿低木：桃叶珊瑚木、马醉木、五叶箬竹、滨柃、南天、八角金盘、朱砂根、紫金牛等。

●适合西式风格庭院的树木

常绿高木：龙柏、铁树、唐棕榈、虎尾枞、喜马拉雅杉、千年木、万寿兰等。

落叶高木：白杨、合欢、花瑞木、白桦、紫丁香等。

常绿低木：山月桂、忍冬、车轮梅等。

落叶低木：满天星、八仙花等。

●适合日式风格庭院的树木

常绿高木：赤松、黑松、五叶松、伽罗木、犬黄杨、厚皮香、小叶罗汉松等。

落叶高木：山红叶、樱树、百日红、梅树、云龙柳等。

●适合作遮蔽用的树木

常绿高木：细叶冬青、珊瑚木、花柏、白桦、马刀叶槠、光叶石楠、山茶、樟树、金木樨、枸骨、山桃、交让木、唐黄杨、茶梅等。

常绿低木：桃叶珊瑚木、杜鹃类、正木、八角金盘。

●营造绿荫的树木

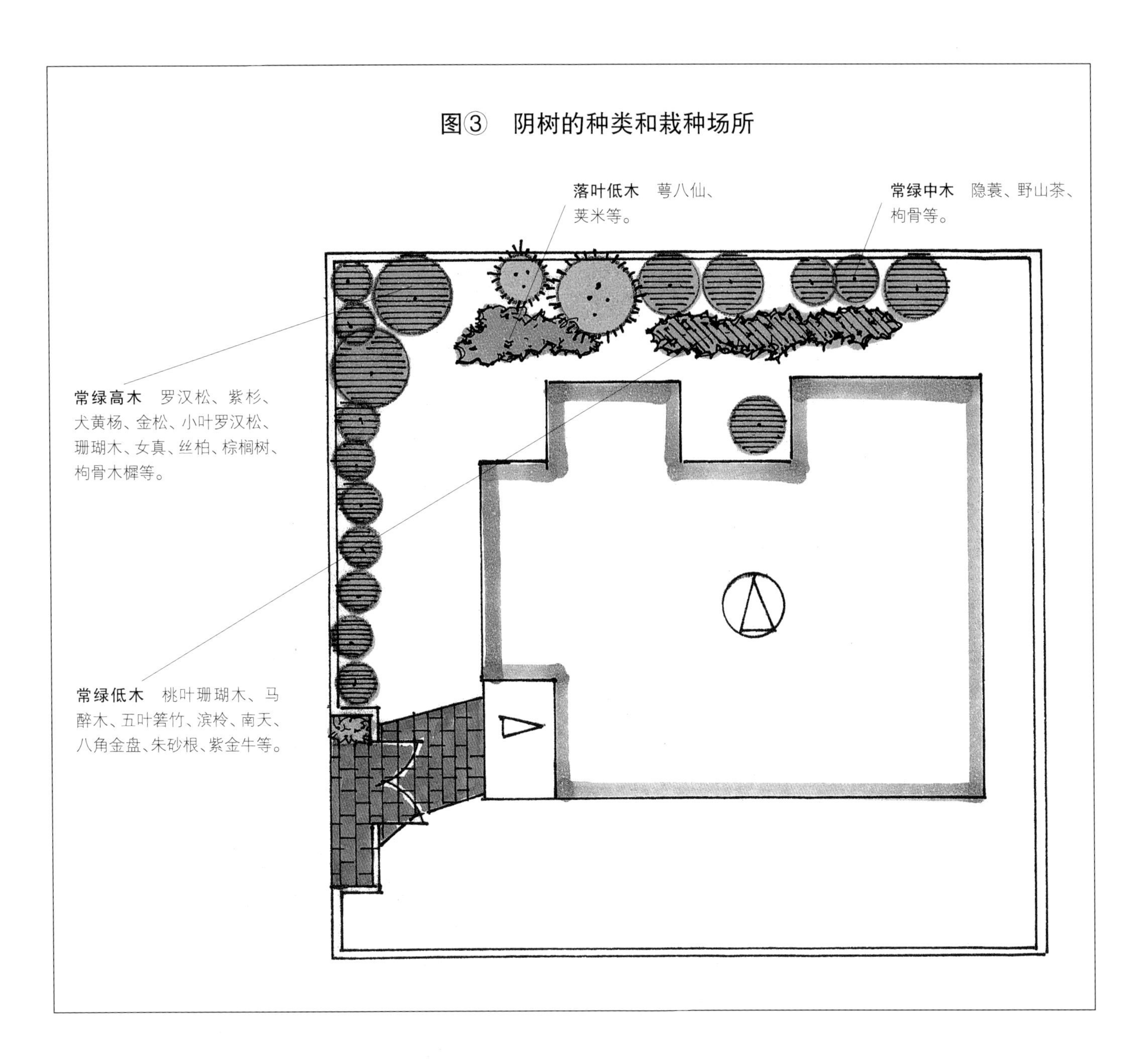

落叶高木：辛夷、桫椤（夏椿）、青枫、榉木、樱树、合欢等。

● 有防火作用的树木

常绿高木：女真、青栲、珊瑚木、铁冬青、厚皮香、交让木、山茶等。

● 吸引小鸟的树木

圆叶火棘、落霜红、铁冬青、南天、荚米、桃叶珊瑚木、柿子、茱萸等。

● 适合主庭的树木

常绿高木：赤松、黑松、厚皮香、光叶石楠、罗汉松、山桃、金木樨、茶梅等。

落叶高木：榉木、四照花、赤杨、辛夷、白桦、花瑞木、梅树、百日红、白木兰等。

● 适合前庭的树木

赤松、细叶冬青、厚皮香、白桦、黑松、马醉木、枸骨南天、五月杜鹃、满天星等。

● 适合里庭的树木

梧桐、珊瑚木、粗楮等。

● 适合中庭的树木

桃叶珊瑚木、马醉木、箬竹类、枸骨南天、八角金盘、紫金牛、金松、茶梅等。

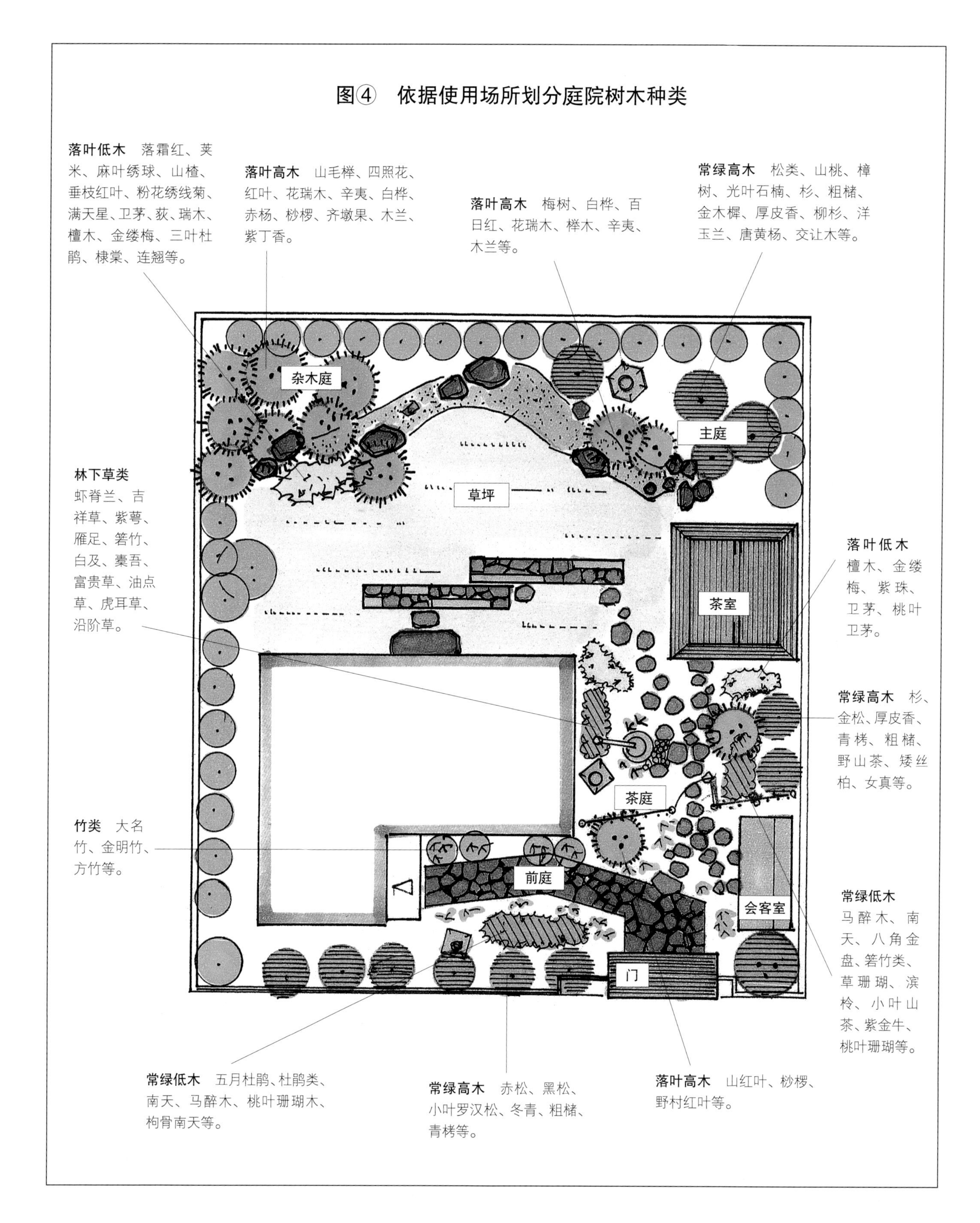

■庭院树木的配植（图⑤、图⑥）

所谓配植是指植栽的设计。在进行庭院的设计之前，首先要决定庭院的主题，并确定造景是以石块为主，还是以流水、水池或植栽为主。在决定想用的树种时，要尽量避免使用多种树木，因在有限空间中使用太多种树木，会使庭院显得缺乏稳定感。最好以同种的树木为基调，再点缀些其他种树木，才能从单纯中产生稳重气氛。不要

图⑤　庭院树木的配植

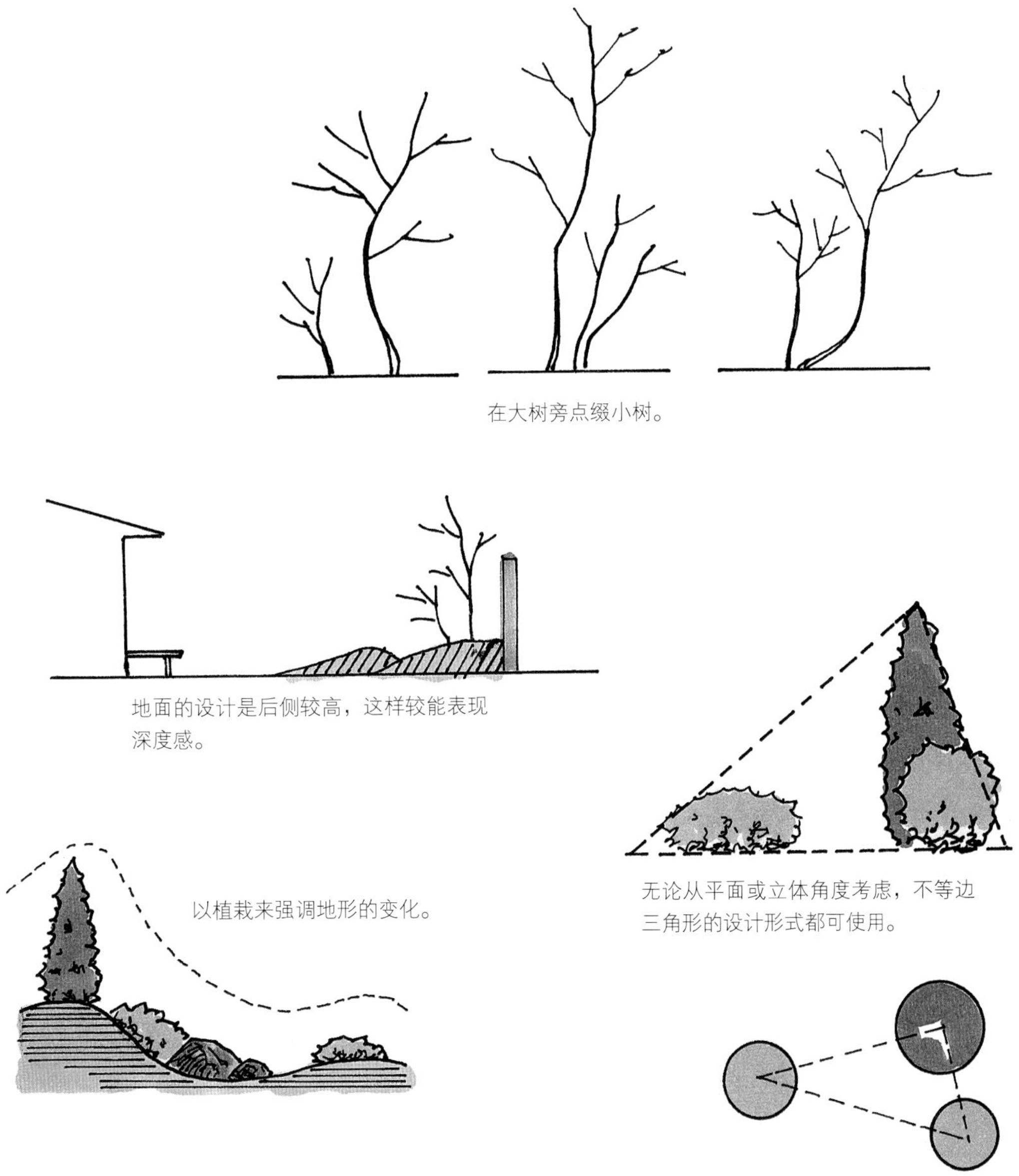

在大树旁点缀小树。

地面的设计是后侧较高，这样较能表现深度感。

以植栽来强调地形的变化。

无论从平面或立体角度考虑，不等边三角形的设计形式都可使用。

随意购买、随性栽种树木，否则会破坏整体风格，形成毫无重点的庭院。

配置石组也一样，不要仅凸显一块石头的美，而应该谋得彼此的协调，表现大自然的自在感，而且要有意识地让人能融入其中，深切感受到精心布置的美感。

●配植的方法——技术性的处理

首先要提醒大家的是，书本上介绍的“庭院植物配植原则”，其实只是抽象的说法，实际操作要根据现场情况灵活处理，所以若为了遵循“原则”而举棋不定的话，反而会本末倒置。

自古日本就有凡事以“七、五、三”的奇数考虑问题的习惯。推测其理由，可能是因为奇数在不整齐中存在某种安定性，能保持平衡。所以日本先人们就也把这视为设计中的原则，并用心地传承下来。

话虽如此，但原则毕竟是原则，无须过度执着遵守。在某些场合，遇到非用偶数无法完成的状况时，还是要因地制宜。

●配植的模式

西式庭院的植栽，要采取左右对称的方式设计，表现规规矩矩的整齐美感。但日式庭院的植栽，基本上是以打破平衡的方式安排。

图⑥　庭院植物配植的方式

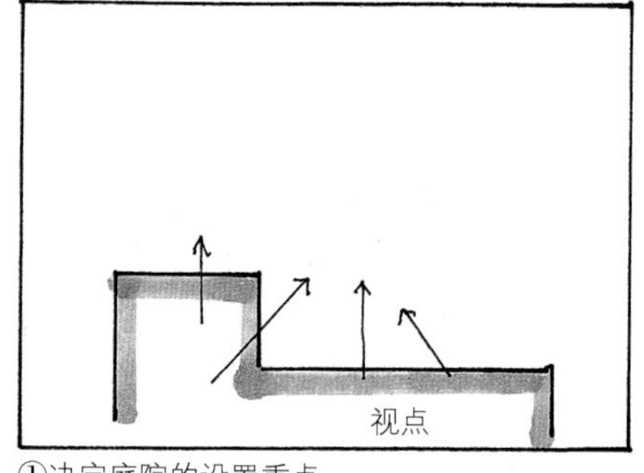

①决定庭院的设置重点。

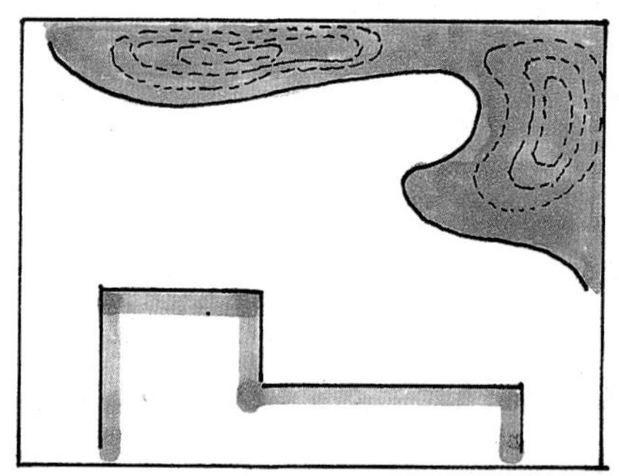

②土面的设计应与配植平行。

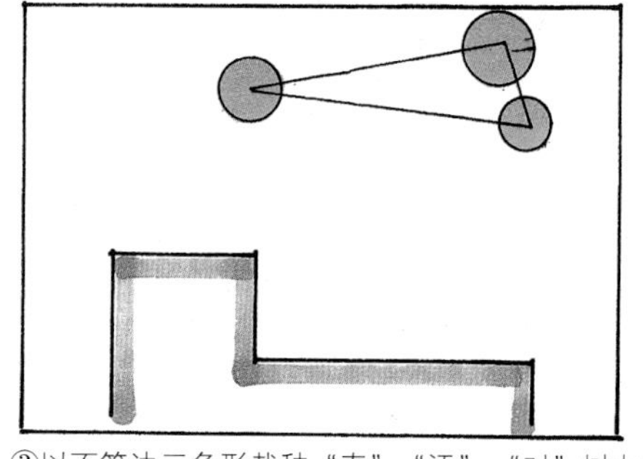

③以不等边三角形栽种“真”、“添”、“对”树木。

④配合土面的设计配置石组。

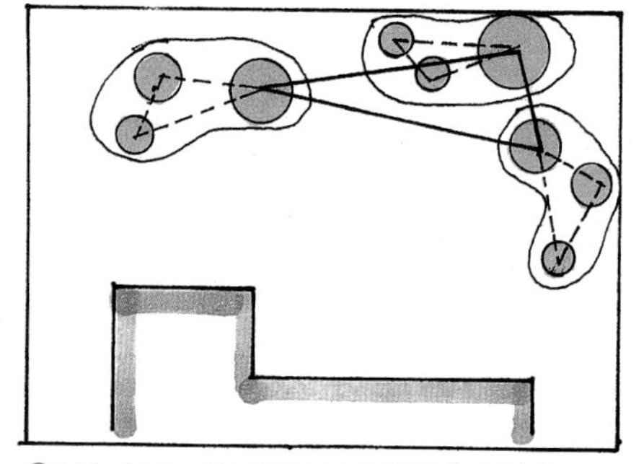

⑤以大小不一的不等边三角形组合来配植。

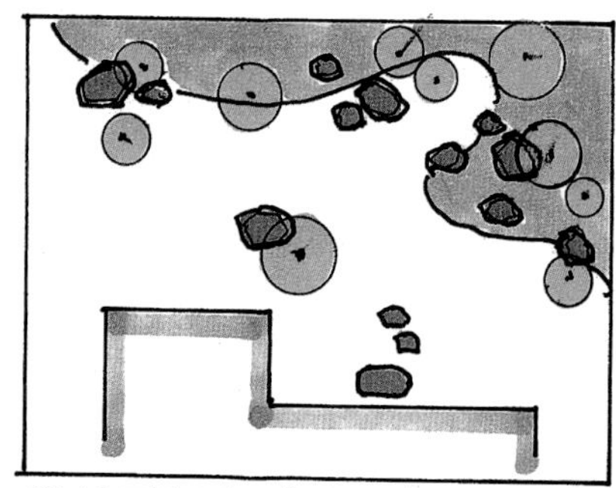

⑥以凸显景观为目的设置装饰焦点。

在庭院中心栽种主木，然后加入添景木，组成不等边三角形，并以此为单位，逐一增加、组合。这种三角形形式也各以大中小来作变化，边考虑平衡边栽种，而且三角形并不单用在平面上，也应用在立面上，即从立面看呈现不等边三角形。

在日式庭院中，树木以主木为“真”（作为主景），再加入“添”、“对”木（添景与对景）来进行组合栽种。为使大小有所变化，树木采用混合栽种方式，以呈现立体感和远近感。

当然，这不过是庭院植栽基本的原则。而考虑庭院的整体结构才是庭院造景的关键，因此植栽的选择也必须配合用地规划、土面工程、石组配置等。

●庭院树木配植的注意事项

庭院树木配植时，要注意不要将树木排列在同一条线上，这是我们所排斥的“军队士兵排法”，应该有互相重叠，以产生自然协调感。与树木需要整齐排列的树篱不同，庭院树木追求“凌乱”中的美感，以便营造出自然、平衡的气氛。

另外，要避免在庭院中栽种太多树木，更重要的是避免使用太多树种，因为不同树木各有其风格，种类太多，风格就无法统一。应该思考用什么树木来表现庭院的风格后再决定树种。

日本平安时代的庭院建造指导书《作庭记》，就曾记载对石组的基本要求是“顺乎其石之乞”。也就是说，安置第一块石块后，下一块石块就应该根据第一块石块的大小、形状及相互间的间隔来配置。栽种树木也一样。先种一棵，接下来当然要选择能自然搭配第一棵的树木种类，使相邻的树木能够彼此呼应、协调。所以树杆粗细、弯曲方式、枝杆长法或角度显著不同的树栽植在一起，将难以达到协调和统一，务必避免这类情况。

●杂木配植的注意事项

栽种杂木的技巧在于配置合理，应尽量呈现出自然生长的状态。杂木的优点是能欣赏柔美枝干线条交错重叠的模样，所以别单独栽种，应数棵一起栽种才有效果。若要在秋冬时节制造落叶萧瑟的气氛，就要栽种有背景掩饰作用的细叶冬青、橡树、木樨、枸骨、山茶、山桃等。

■庭院树木的移植

●考查移植后是否能够成活

一般而言，从种子开始培育，并一直栽种在同一个地方的树木，因为须根较少，多半不容易移植成活。而根

图⑦　植栽的设计

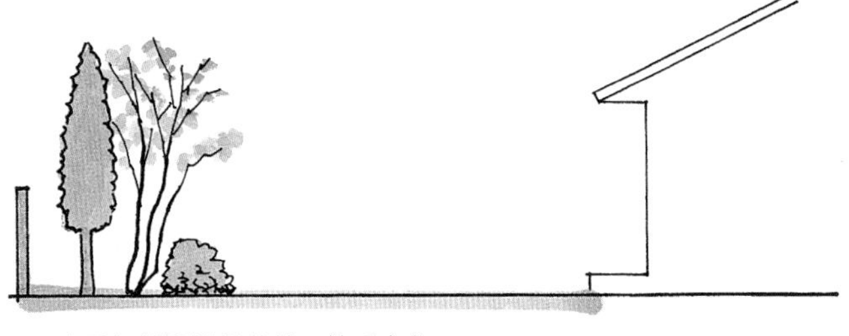

在平坦地面进行栽植，缺乏变化。

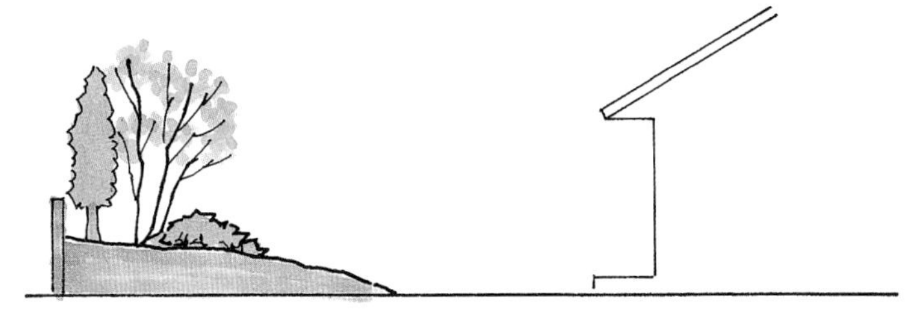

在垄高的地面进行栽植，具有变化。

更能产生深度感的方法是把垄高地面的后侧降低，并在建筑物前栽植较高的树木。

图⑧　让庭院产生动感

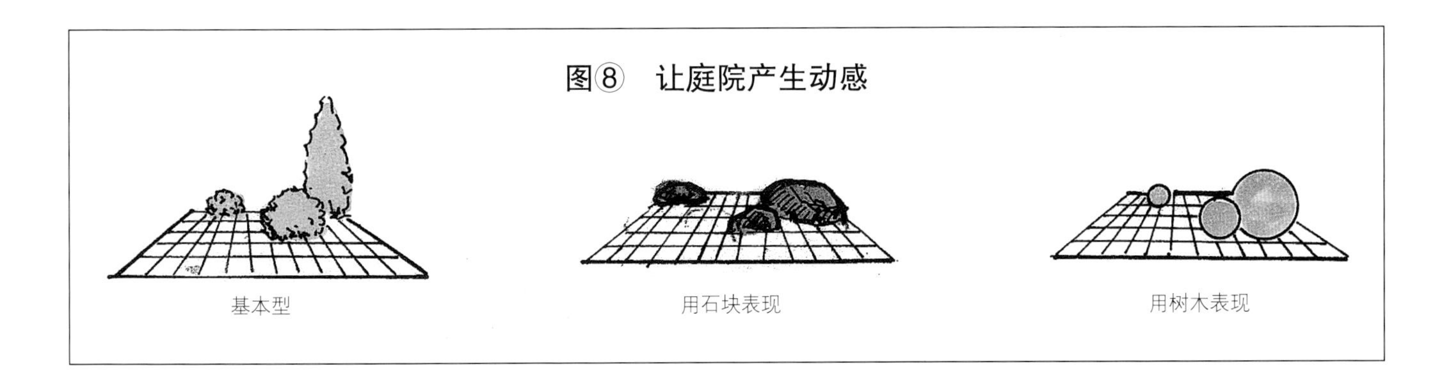

多且细根也多的树木就容易移植成活。故根少的树木移植前，要通过切根，让切口长出更多的细根，以提升成活率，这也是大树需要进行整根的原因，等到切口长出新根后才可移植。

●移植的时期

虽然庭院树木移植的时期会因地区有些差异，但最佳的移植时期是树木休眠后到春芽即将长出之前。以下是北方地区树木适宜移植的时期（南方应作相应调整）：针叶树（松树、杉、桧木等）3~4 月、10~11 月最适合移植；常绿阔叶树（细叶冬青、木樨、厚皮香、茶梅、山茶等）春芽即将长出到长出新芽之间的时期，亦即 3~6 月最适合移植，秋季移植则选在 9~11 月；落叶树（梅树、樱树、榉木、红叶、白桦、花瑞木等）在无叶时期，亦即 2 月下旬 ~4 月或 10~11 月移植。

■庭院树木的栽种方法（图⑨、图⑩、图⑪、图⑫）

①决定好栽种位置后就可以挖坑。坑直径要比树根的土球直径大出约30cm，即要挖大、挖深。若土质为黏土的，则要挖深后再回填土。

②决定好树木栽植方向、角度后，把根土球放入树坑，回填土至根土球的7~8分，浇水，使回填土呈泥泞状，让根土球与周围土壤互相密合。为此，要左右摇一摇树木，并用圆木棒戳一戳回填土，让水被土壤充分吸收。

③覆盖土壤，用脚踩实，同时要修正树木的姿势。

④大约1天后再次踩实，并在树桩周围堆土做成土堰，再浇水。同时设置支柱，防止树木被风吹动。

■庭院树木的管理

庭院树木无论多么细心栽种，若之后的管理不完善，依旧会失去美感，发生病虫害，直至枯萎。为了避免发生这样的情况，在此要具体说明每棵树木在一年之间需要进行哪些管理。

●施肥

肥料有油粕、骨粉、鸡粪、复合肥等。施肥时要注意肥料不要直接接触到根部。

图⑨　树木的栽种方法

①挖个比根土球大的土坑。

②若是黏土质的不良土壤，需要使用客土，如园土、腐叶土等。

③回填土至根土球的7~8分，然后充分浇水。

④浇水后，用圆木棒戳一戳。

⑤前后左右摇一摇树木，让根土球和周围土壤密合。

⑥水被土壤完全吸收后，覆盖土壤，并用脚踩实。

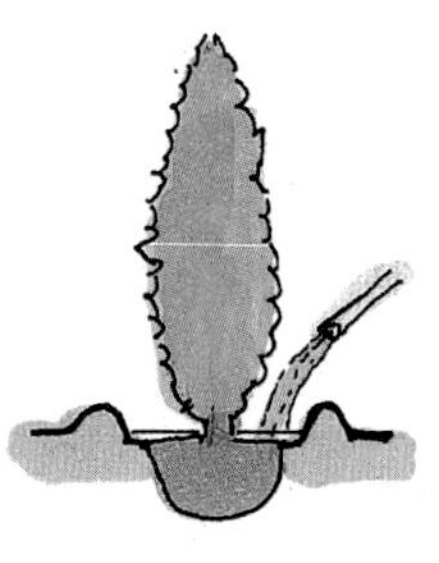

⑦在根部周围堆土，形成土堰。

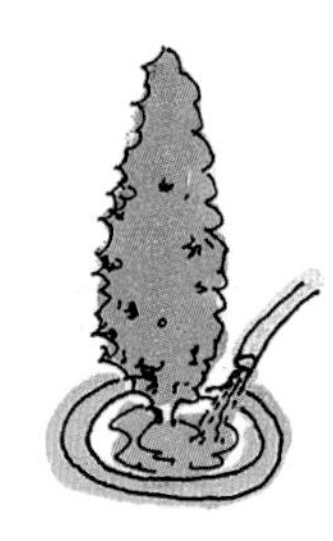

⑧在土堰中浇水，栽种作业结束。

图⑩　栽种的深度

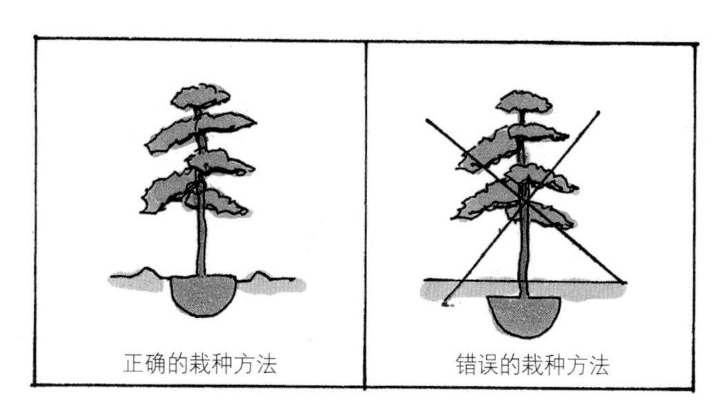

树木若栽种太深，会导致二层根状态，影响其生长。

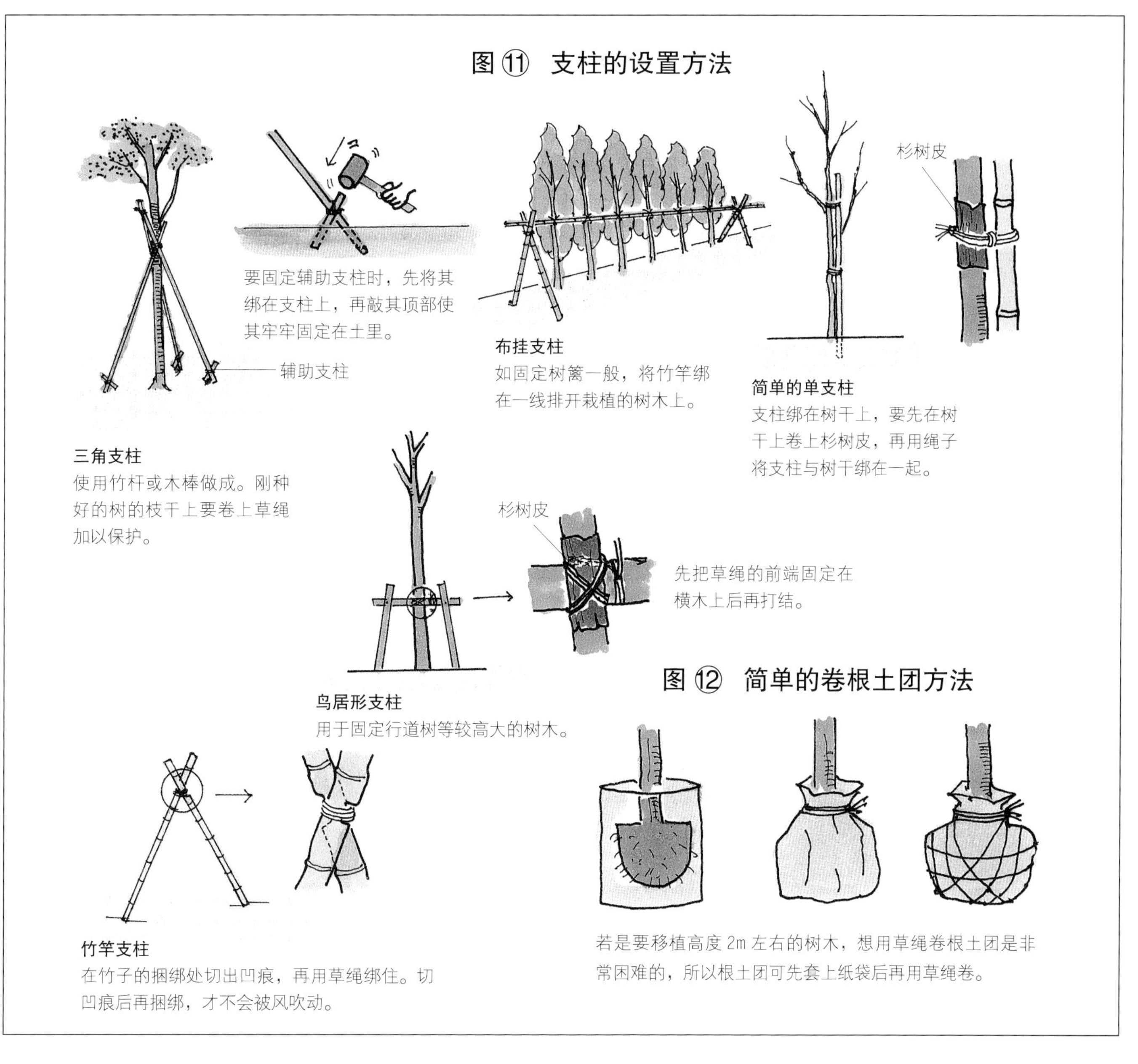

●防寒

冬天防寒时，可用稻草或草席、草绳来卷包树干，较矮的树木一般以稻草、草席等盖住，以防范雪害。稻草既实用，又能增添冬季风情。把实用品当作一种装饰品，为庭院增添趣味。

●消毒

庭院树木想要健康成长，就必须防范众多害虫的侵害。害虫会采食叶、茎、根或者吸取树液为生。

叶片被侵害时

庭院树木靠叶片进行光合作用制造养分，生长壮大。若缺乏叶片，芽就会掉落，隔年的花或叶就会减少，严重时树木会因营养不足而枯萎。

害虫大多是蛾类，其幼虫、成虫靠吃叶片和幼芽成长。故最有效的方法是幼虫时期，把药剂（可到商店购买）直接喷洒在害虫体表，如分数次喷洒马拉松乳剂、杀螟松乳剂的1000倍稀释溶液。

树液被吸取时

这类害虫是用管状的口器刺入树木的叶片、树枝，吸取汁液，造成树木生长不良，甚至枯萎。代表性的害虫有介壳虫、蚜虫、红蜘蛛、网蝽等。

受到介壳虫侵害时，树木叶片会变黑。介壳虫成虫后，会有硬壳覆盖，这时喷洒药剂无效，故要在其幼虫期，即在5~7月喷洒杀螟松乳剂等1000倍稀释溶液防治。容易受到介壳虫侵害的有金缕梅、马刀叶槠、山桃、马目、粗槠、柃木、茶梅、厚皮香、正木等。为能有效杀虫，冬季就该采取措施，可于2月喷洒石灰硫黄合剂。

蚜虫不仅食害新芽、嫩芽、新梢，也会如介壳虫般使叶片变黑，需喷洒马拉松乳剂、杀螟松乳剂1000倍稀释溶液防治。容易受到蚜虫侵害的有松树、百日红、珊瑚木、海桐、玫瑰、青枫、光叶石楠、小枹等。

网蝽会寄生在叶背，叶表面出现黄白色斑点。若发现叶背附着许多虫粪，就要马上喷药。容易受到网蝽侵害的有杜鹃、八仙、马醉木等，需在5月之后的虫害发生时期，靠近叶背喷洒杀螟松乳剂的1000倍稀释溶液防治。

寄生在叶背的粉虱、红蜘蛛类，也和其他害虫一样，会吸取树汁危害树木。容易受其侵害的有五月杜鹃、山茶、柃木、杨桐、樱树、梅树、龙柏、松树等，需在虫害发生前的冬季喷洒石灰硫黄合剂防治。

■庭院树木的维护

庭院树木维护分为剪枝和整姿。庭院树木各有其树形，想保持美丽树形，或恢复原来的树形，或为了顺利生长，都必须定期修剪树枝。同时通过剪枝，促进通风，让其获得充足的日照，并可预防病虫害。栽种在庭院的树木剪枝和整姿时，必须顾及和其他庭院植物保持协调。

●花木类的剪枝

花木类剪枝时要注意的是避免剪掉即将长出花芽的枝条。花芽有两类，一类是在当年的枝条上长花芽，当年开花。这种花木应在秋天进行剪枝，例如百日红、忍冬、木槿、玫瑰、石榴等。另一类是在当年的枝条上长花芽，越冬隔年春天开花。这种花木在花期结束后马上剪枝，例如樱树、梅树、山茶、杜鹃、五月杜鹃、海棠、木兰等。

■一年12个月庭院树木的维护

● 12月～翌年2月

整姿：落叶树已经落叶，故应剪掉多余的树枝，剪除徒长枝、纠缠枝、逆行枝，并整理树的形状。

施肥：在根部周围施肥。

消毒：在寒冷时期，用石灰硫黄合剂的50倍稀释溶液喷洒树木。

保护：雪多的地方，松树等要去雪，而铁树、芭蕉等要注意防霜冻，苔藓、紫金等树下植物可铺松叶保护。

● 3~5月

整姿：杂木树的剪枝要在3月中完成。木瓜、海棠、杜鹃等花木类，在花期结束的4月、5月进行剪枝，让长势得以恢复。松柏也要在此时期摘芽。树篱的修补在这时期进行最理想。

消毒：气温逐渐上升，害虫开始出现，故要用心进行消毒。

施肥：给予施肥，可施以油粕、鸡粪或配方肥料。若不施肥，花木类的翌年花将会变少。

● 6~8月

整姿：6月是新叶最美的时期，也是开始长出花芽的季节，所以要结束杜鹃类花木的整姿。7月、8月要注意防止干燥，别忽略浇水，但避免在白天浇水，因为水滴有透镜效应使阳光灼伤叶片，最好在傍晚浇水。同时，桫椤（夏椿）等皮薄的树木，表皮容易晒伤，要用稻草或草席卷住树干。

消毒：6月是害虫猖獗的月份，容易出现美洲白灯蛾、蚜虫、毛毛虫；7月则容易出现网蝽、介壳虫，务必防治。

施肥：这个月不需要施肥。

● 9~11月

整姿：这是疏枝或整姿的最佳时期。有的常绿树篱在寒冷时期剪短长势会变弱，就趁这时期修剪。

消毒：11月可喷洒2.5%溴氰菊酯稀释溶液杀灭松树的毛毛虫和结草虫。

背后栽种常绿高木。柳杉、红叶、青枫和赤杨等，分布在整个庭院。（设计/三桥一夫）

以树木为主的庭院

起居室前面前庭的小道从室内延续出来，其周边用青栲、粗槠、四照花、杜鹃等加以点缀。（设计／三桥一夫）

庭院中栽种针叶树，走过这里，庭院的景观就在眼前展开。

穿过四照花，可看到庭院景观之一的蹲踞。在靠近邻居地块旁边种植的青栲整整齐齐，并呈现出若隐若现的美感。（设计／三桥一夫）

通道旁栽种枹栎、四照花、红叶、青皮等，营造犹如在山间小道的气氛。（设计/三桥一夫）

远处栽种的高木作为背景树，屋檐附近栽种笔直的树木来体现变化。（设计/三桥一夫）

借助竹栅栏的区隔，把植栽突显出来，并形成规模虽小，但却十分漂亮的小庭院。（设计/三桥一夫）

采用“透视”设计手法打造出有深度的庭院，穿过笔直的树木可观赏到对面的风景。（设计/三桥一夫）

用木板墙作为背景，以石块作为造型，石块之间配置植栽，营造整体的平衡感。（设计／三桥一夫）

堆土让地面产生变化，庭石、树木搭配远景的山丘，形成具有景深的开阔庭院。（设计／三桥一夫）

草坪造景庭院的设计与施工

绿油油的草坪、色彩缤纷的花朵和朝气蓬勃的绿色植栽，除了能让忙碌了一天的主人获得休息外，也能带来希望和活力。所以在建造庭院时，人们不仅希望拥有自然景观，更希望能获得宁静感。

草坪不仅外观漂亮，造价也便宜，还可以防止地面土壤的流失，同时具有如下作用：

①防尘，可防止庭院地面的土被风吹走；

②可预防结霜或下雨时，庭院地面泥泞不堪；

③可减弱日光的反射，孩子光脚玩耍时还可提供柔软的地面；

④能扩大生活的空间，摆放桌椅后即可当作户外生活空间使用。

草坪不是西式庭院独有的，日本自古也在庭院中使用草坪，只是日本人喜欢的不是宽阔的草坪，而是配置石组、树木营造的恬静、优雅的草坪空间，追求精神上的宁静感。至于现今模样的草坪庭院，是日本明治时代以后才演变而成的。这种取代过去观赏本位的日式庭院，成为逐渐普及的扩大生活用途的草坪庭院。随着引进的西方文化的影响，这种庭院必将越来越盛行。

■如何建造草坪庭院

比起日式庭院，草坪庭院要经济许多。建造草坪庭院时，在设计上该有哪些考虑呢？

若开放式的草坪庭院除了草坪外什么都没有，则会显得单调、乏味，这时需要在草坪中堆土改变地形，再利用景石、植栽、装饰物等造景。在决定草坪庭院设计之前，务必把日后的管理纳入考虑。

草坪最需要的是日照，其次是排水，若无法满足这两点，就难以拥有美丽的草坪庭院，故设计时需多加注意。地面背阴部分，可铺砾石、贴瓷砖或设置石块等，不可勉强铺草皮。

■如何有效地美化草坪庭院

●设置花坛

最常见的是花坛和草坪庭院的组合。四季分明的花卉在一片绿色的草坪中，形成漂亮的颜色对比，具优美的观赏效果。但花坛在庭院中的位置和花坛的形式则需要仔细斟酌，要避免花坛仅成为栽种花草的空间。花坛在高度、素材、造型上要讲究，让花坛有设计感。

●使用园艺装饰物

草坪庭院要成为延伸的生活空间，需要摆放桌椅，点缀各种装饰品，才能有效营造气氛。另外，配合季节更换盆栽或花坛中的花草，也能增添趣味性。

●设置照明

在草坪中聚会，良好的照明条件不可或缺，但是如果只是临时需要照明，照明装置就不要加以固定，选择可以移动的照明装置较理想。

■常见的草坪草及其特点（表①）

一般草坪主要用禾本科草。选择草坪草时，应首先考虑栽植地的气候。草坪草根据其地理分布和对温度条件的适应性，可分为冷季型和暖季型两大类。暖季型草坪草的最适生长温度为25~35℃，主要特点是耐热性强、抗病性好、耐粗放管理，多数种类绿色期较短、色泽淡绿等。可供选择的暖季型草坪草种类较少，主要包括狗牙根属、结缕草属、画眉草属、野牛草属、地毯草属和假俭草属等。冷季型草坪草的最适生长温度为15~25℃，其主要特点是绿色期长、色泽浓绿、管理需要精细等。冷季型草坪草可供选择的种类较多，包括早熟禾属、羊茅属、黑麦草属、雀麦属和碱茅属等。

■草皮的铺法（图①）

密铺法　草皮和草皮之间毫无缝隙地铺贴。

间铺法　草皮和草皮之间固定保留 1~5cm 的间距铺贴。一般间距以约 1cm 的居多，其效果和密铺法几乎相同。

交错铺法、棋盘铺法、条铺法　草皮之间间距扩大，一片片互相交错铺贴的称为“交错铺法”，如棋盘般拼排铺贴的称为“棋盘铺法”，以适当间距排成条列状铺贴的称为“条铺法”。这 3 类铺法一般家庭庭院都不使用。

图①　草皮的铺法

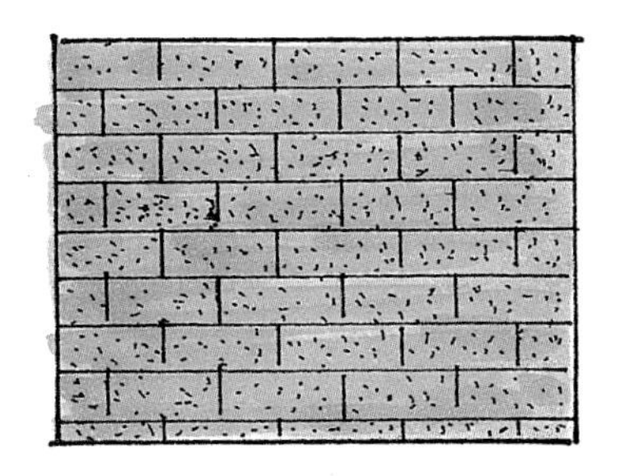

密铺法
适合住宅庭院。

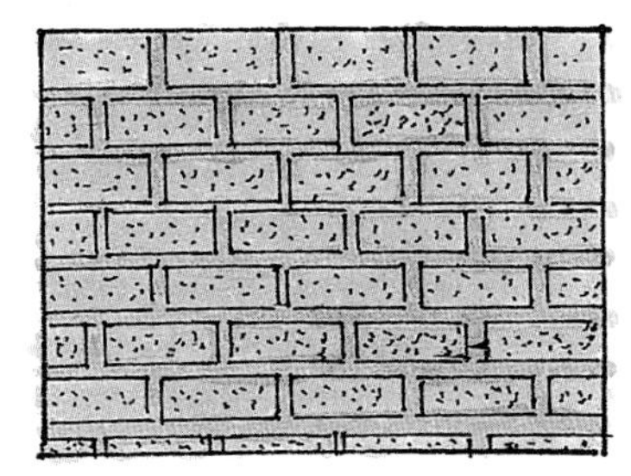

间铺法
适合住宅庭院。

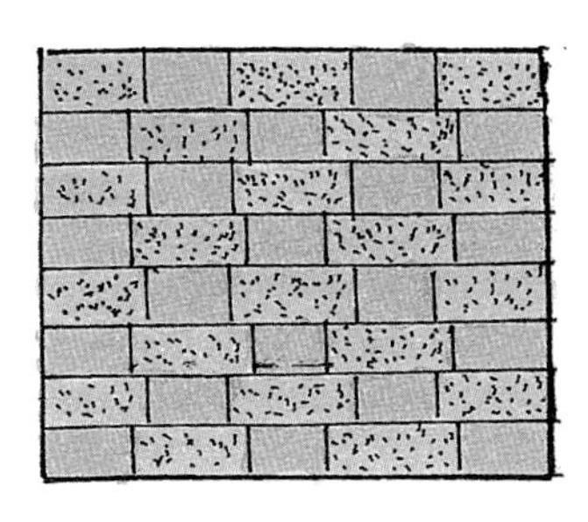

交错铺法
适合公园等。

表①　常见草坪草及其特点

名称	特点
天堂草	叶片柔软，密度适中，颜色中等深绿，根系发达，生长迅速且耐旱性强。所建成的草坪植被健壮致密，杂草难以侵入
午夜 2 号	绿期长，春季返青早，叶色呈深绿色，耐修剪，抗旱力强，耐寒性极强，耐热性和耐阴性好，耐践踏，抗践踏，综合抗病力出众，节水、节肥
马尼拉草	根系发达，扩展性强，草层茂密，分蘖力强，覆盖度大，耐旱，耐踏，生命力强，色泽宜人
百慕大草	多年生禾草，匍匐茎具较长节间，叶色深绿，质感细致，萌芽能力强，蔓延速度快，可预防某些杂草，不易感染病虫害，对干旱、高温、践踏、修剪及盐分有很强的耐受力
狗牙根	多年生禾草，叶色深绿，质感细致，萌芽能力强，蔓延速度快，不易感染病虫害
细叶结缕草	又名天鹅绒草、台湾草，不耐寒，主要分布在热带和亚热带，通常呈丛状密集生长，茎秆直立纤细，地下根茎和匍匐茎节间短，节上产生不定根，叶片丝状内卷，总状花序顶生，穗轴短于叶片，故常被叶所覆盖
钝叶草	钝叶草叶环很窄，但叶片和叶梢较宽，形成了重要的鉴别特征，在叶环处叶片与叶梢呈直角，钝叶草有细长的匍匐茎，每个节有时可见两个枝条
美洲雀稗	叶片宽展，叶梢有些压缩，并带有零星的纤毛，依靠短、硬的根茎繁殖，叶片质地比钝叶草细，根系粗硬发达，具有广泛的适应性，在弱酸至中性的肥沃土壤中生长良好，尤喜沙性土壤，喜温暖湿润气候，但抗寒力差，有一定抗旱性，覆盖力强，极易形成平坦的坪面，有一定耐践踏能力，耐低修剪，留茬高度一般为 1.5~2.5cm，在生长季节应经常修剪以防止抽穗

图② 暗渠排水

土

小石块

砾石

无排水设施的场地，可挖洞后放入小石块，让水渗入土中即可。

■适合铺草皮的庭院

铺草皮之前，必须确认铺草坪草的场地符合下面几个基本条件。

①日照良好

上午有直射阳光的场地最好，若晚上也有露水的话，那么更有利于草的生长。

②通风良好

为让土壤保持适度干燥，通风良好是必要条件。

③排水良好（图②）

在排水不够好的场地，须设置不会形成水洼的排水坡道，以利于排水。

■铺草皮的施工（图③）

确认准备铺草坪草的场地符合以上条件后，接着实际观察一下此场地是否有“杂草”繁茂的情形。

①整理场地

首先拔掉杂草，挖起土壤，去除土中的草根。若场地面积较大，可使用机械设备挖土、去草根。对于专业庭院设计师而言，这项作业是非常重要的。土壤挖起后搁置4~5天后再整地，让日光杀灭土中的病菌和害虫的卵。

整地的同时，最好施以土壤改良剂、肥料、除草剂等。土壤改良剂有促进土壤透气、排水的作用。处理好排水后，将场地整平，这项作业对铺草皮相当关键，故需多花些时间。

完成整地后，就可开始铺草皮了。草皮铺法有许多种，但住宅庭院较适合使用密铺法或间铺法。

②铺草皮

虽然只要把草皮一片一片压在地上即可，但要铺得美观就需要听听专业人士的说法。

第一要拉水平线，要以水平线为基准铺草皮。当草皮完全紧密连接时，草皮和草皮之间即会没有缝隙，这条水平线会消失。专业人士铺好的草坪总是井然有序、非常美观，也是因为按水平线铺草的缘故。另外，为了能加速建成漂亮的草坪庭院，草皮之间间距务必统一。

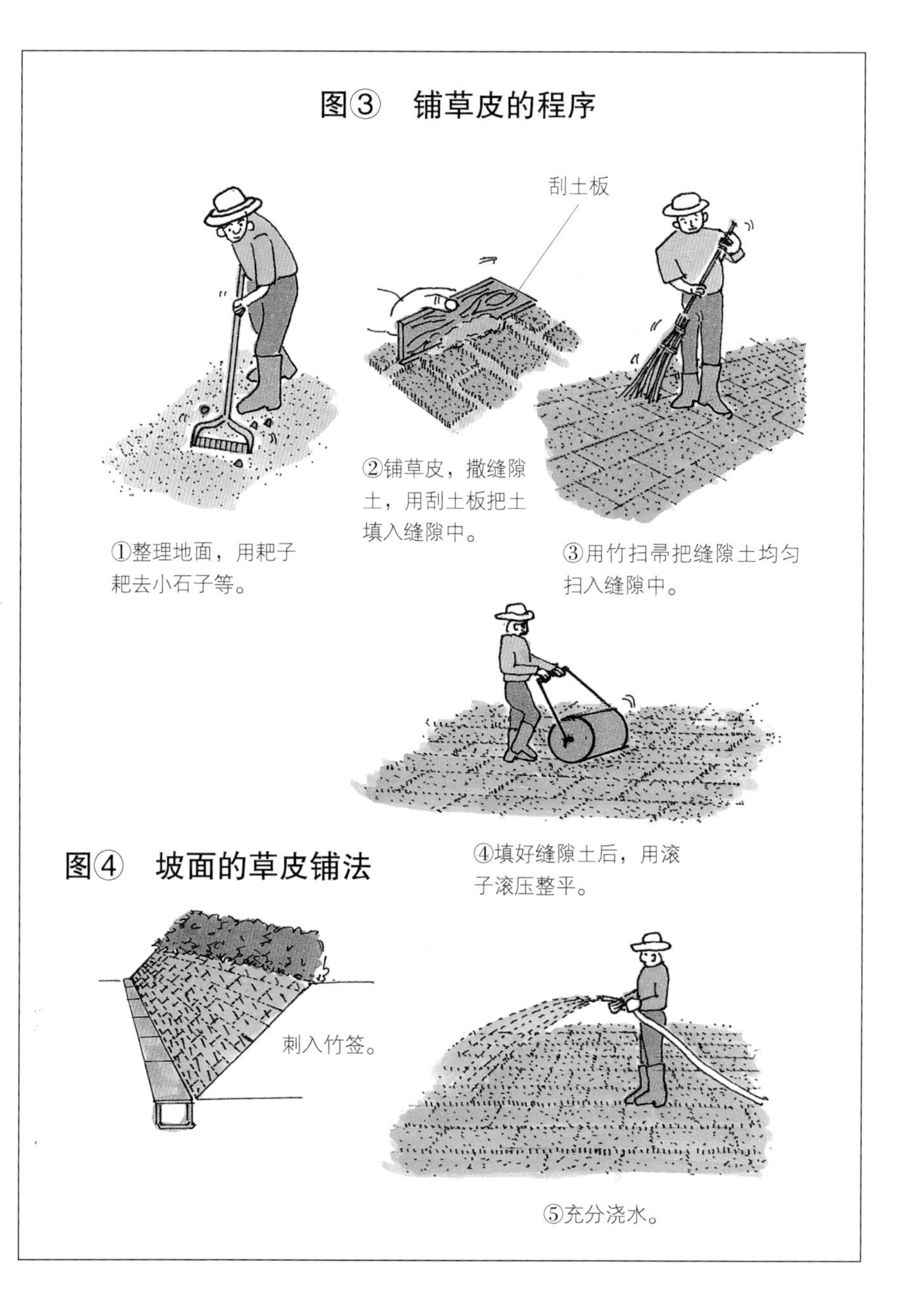

第二要边使用“刮土板”刮平地面，边铺草皮。虽然整体地面已经用耙子整平，但在手能接触到的范围，还是要用“刮土板”仔细边刮边铺。地面若不经过这样 2~3 次的整理，草皮全部铺好后仍会有高低不平的情况。地面虽然已平整，但草皮本身的土壤掉落后就可能使地面出现凹凸状况，所以铺草皮时还需要进行加土、减土的作业。

③填上缝隙土

草皮铺好后，为了填平草皮和草皮之间的缝隙，需填上缝隙土。缝隙土一般使用黑土、农田土等，先大致撒一撒，再用竹扫帚细心将其扫入草皮之间的缝隙中。

④滚压

填上缝隙土之后，若能用滚子滚压最好，但一般住宅可能无法做到，请尝试以下的方法：在草皮上放置几块三合板，2~3 人在三合板上踩踏，这样就有不错的滚压效果。也可以在草皮上摆放木板，然后敲打木板。

⑤浇水

滚压结束后，接着浇水，请使用像莲蓬头那样可喷出细水柱的喷头。若使用农田土当缝隙土时，土会因含水多而变得泥泞，此时若踩踏，草皮会下陷，故刚浇水后应避免踩踏草皮。

■铺草皮的时期

每年除了 12 月 ~ 翌年 2 月期间外，其他时间随时都可铺草皮，不过最理想的时间是 4~6 月。为避免霜冻，冬季不要铺草皮。在梅雨前完成铺草皮，草皮扎根较快。

■如何辨识优质草皮

草皮取下后，3 天内移植最好。气温高时，若搁置太久，草皮内部容易闷坏。故即使整束草皮外观青绿，仍要观察内部，若变成茶色，就不可使用。前往园艺店购买草皮时，应选择刚进货的新鲜草皮。发现有闷坏的情形或者土壤附着不多时，尽量不要购买。

■草皮的养护和管理

●去除杂草

草皮铺好后的 1 年内是关键期，这时期必须勤快拔除杂草。虽然铺草皮前曾经掘土，充分去除杂草的根，但难免有些残存，且缝隙土中或草皮本身也可能掺杂杂草的种子。可使用专用的草坪除草剂除草，不过面积不大的住宅庭院，还是用手拔除，既彻底又快捷。庭院造景时，若只单纯地想铺草坪，却忽略日后的养护，那么将无法拥有美丽的草坪。

●修剪

草坪养护中最重要的工作是修剪。修草机有手推式和电动式两种。$50m^2$ 以上的草坪庭院，建议使用电动式。因为草坪需要勤修剪，所以宜选择便捷轻松的修剪机。对外行人而言，手推式修草机因要调整齿轮高度和零件易磨损等问题，故多半被摆放在储藏室不用。

草高 4~5cm 时请开始修剪。若草太高，不仅难以修剪，修剪后留存的草也会看似枯萎。至于剪下的叶片，要当场收拾。若放在草坪上置之不理，将导致草枯萎。

●施肥

一年施肥 4~5 次。目前已有草坪专用的粒状肥料，只要直接撒在草坪上即可，但必须撒得均匀。粒状肥料撒后，用竹扫帚扫一扫使肥料均匀分布也是一种方法。

●缝隙土

铺好的草坪在约半年到 1 年期间，草皮缝隙间的土会因干燥被风吹走而变少，所以为使草生长均匀茂盛，必须补充缝隙土。

●浇水（图⑤）

在草生长最旺盛的 5~8 月要注意浇水。浇水时需注意：夏天要避开中午，在早、晚以雾状水柱的喷头洒水。不可一次浇太多水，需要少量多次地浇水。使用移动式洒水器也是浇水方法之一，若庭院较大，则建议设置固

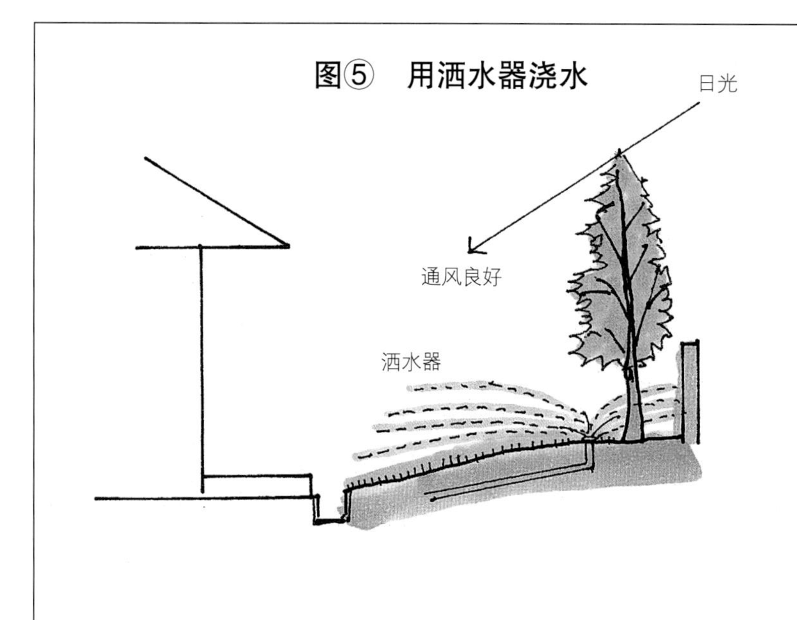

定水管浇水，费用并不多。因为庭院较大时，树木和草坪的浇水工作就相当繁重，因此需要把固定浇水设施纳入设计中，若能加装洒水定时器和自动阀就更完善。

● **透气（图⑥）**

草坪经过长时间的践踏，土壤会硬化。如此一来，水和氧气都无法充分补给到草的根部，导致根无法充分生长，因此需要在土中打洞，这样不仅能改善草坪透气性，同时也能改善透水性。至于打洞的时机并无特别规定。

施工小技巧

● 留存一些缝隙土

缝隙土在填上之后，会因干燥而被风吹走，所以可以保存一些缝隙土在庭院角落备用。发现草坪上缝隙土逐渐减少时，就再将缝隙土撒在草坪上，并用竹扫帚将土填入缝隙中。

表② 草坪的主要虫害

害虫	特征	防治方法
淡剑夜蛾	主要危害结缕草草坪。其蛹在草坪浅土层中越冬，每年虫量高峰期在9月，成虫产卵于草的叶片上。幼虫低龄时啃食草叶肉形成小白斑点，高龄时咬断叶片。高龄幼虫昼伏夜出，白天躲在草坪下层	在成虫产卵盛期，可人工摘除卵块。防治药物：抑太保、卡死克、氟铃脲、米满等
斜纹夜蛾	是一种暴食性害虫。蛹在土中越冬，少数以老熟幼虫在土缝、枯叶、杂草中越冬。南方冬季无休眠现象。成虫具趋光性，卵多产于叶片背面	可人工摘除卵块或群集危害的初孵幼虫。防治药物：灭杀毙乳油或氰戊菊酯乳油等

表③ 草坪的主要病害

病害	特征	防治方法
褐斑病	被侵染的叶片首先出现水浸状，颜色变暗、变绿，最终干枯、萎蔫	平衡施肥，增施磷、钾肥，避免偏施氮肥。防止积水，改善通风透光条件。防治药物：三唑酮、代森锰锌、甲基托布津等
白粉病	叶片出现白色霉点，后逐渐扩大成近圆形、椭圆形霉斑，初白色，后变污灰色或灰褐色，霉斑表面着生一层白色粉状物质	减少氮肥用量，或与磷钾肥配合使用。改善草坪通风透光条件，降低草坪湿度。适度灌水，避免草坪过旱，病草提前修剪。防治药物：多菌灵、甲基托布津
锈病	主要危害草的叶片和叶鞘，也侵染茎秆和穗部。病部形成黄褐色的菌落，散出铁锈状物质。草感染锈病后叶绿素被破坏，光合作用降低，大量失水，叶片变黄枯死	增施磷、钾肥，适量施用氮肥。合理灌水，降低草坪湿度。发病后适时剪草，减少菌源数量。防治药剂：三唑类内吸杀菌剂速保利等

草坪的庭院

远景有树篱、竹篱、石组和流水；近景有露台、步道等，为优美的草坪空间增添了舒适感。

巧妙设计的草坪空间非常清幽，走在通道上会有豁然开朗的感觉。

明亮宽阔的草坪庭院和日式建筑物显得相当协调。流水和杂木林也是其重点。

把树木环绕的空间当作生活空间一部分来使用。主人可以尽情挥洒创意，让这一空间变得充满活力。

巧妙利用盆栽，让庭院更加有趣，而且富有变化。

草坪和杂木、花草搭配得宜，使庭院一年四季都赏心悦目。

灵活运用有限的空间，打造一个充满欢声笑语的快乐草坪庭院。

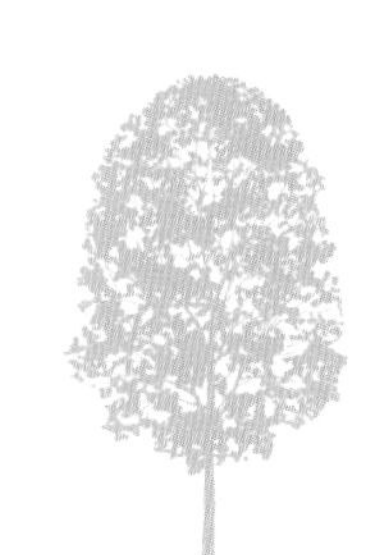

竹造景庭院的设计与施工

竹是非常受人们青睐的植物。现在认为庭院中必然要有松、竹、梅的人依旧不少，故竹是构成庭院不可或缺的植物。

■日照不良的场所也可使用

庭院中，至少会有一处日照不良的场所，例如里庭、中庭、通道等。而竹刚好是适合应用于这类场所的植物之一，但是否适合使用要由建筑物的造型来决定。

不过，不要认为竹仅限于与传统建筑物搭配，因为竹子拥有的线条美，其实和混凝土、瓷砖、石块等也能取得协调，所以需要改变固有的看法，按照实际情况灵活处理！

■竹的种类

竹的种类很多，可根据竹的生长特点来区分，但主要从它的繁殖类型、竹竿外形和竹箨的形状特征来区分。还可按繁殖类型，把竹分为丛生型、散生型和混生型三大类。

丛生型：就是母竹基部的芽繁殖新竹，如慈竹、麻竹、单竹等。

散生型：就是由鞭根上的芽繁殖新竹，如毛竹、斑竹、水竹、紫竹等。

混生型：就是既由母竹基部的芽繁殖，又能以竹鞭根上的芽繁殖，如苦竹、棕竹、箭竹、方竹等。

■竹的适用场所

竹的种类繁多，当作造园材料使用的一般种类，如表①所示。

竹的外形不同，适合的栽植场所也不同。以下介绍常见的栽植场所。

毛竹（孟宗竹）：一般使用在有通道的庭院或主庭，多将数株合植形成竹林。

方竹（四角竹）：常保持绿色，姿形优雅，又少有病虫害，故受到珍爱。常使用在玄关周围、屋前、水钵等周围。

箭竹：竹竿修长，叶片繁茂，相当有风情，故常使用在石灯笼、蹲踞周围，或作为景石的背景。

业平竹（大名竹）：适合栽植于庭院的任何一处，尤其是屋前及石灯笼、玄关周围等。业平竹密植时可当作竹篱。

箬竹：叶片宽大，形态优美，使用的范围较广，所展现的风貌和一般花木等植栽不同，无论是当作通道的林下植物，或者密植成群落状，都能营造出独特气氛。

■竹的栽植方法

竹在园艺界有所谓“竹非用土栽种，而是用水栽种”的说法。诚如所说“用水栽种”，栽植竹时，覆盖少量土后，就要给予大量的水。等水被吸收后，再次覆土，然后又浇水，必须浇到溢满出来的程度才够。竹被认为较难栽种，外行人栽植多半会失败的原因，就是栽植时给水太少。另外，有些竹栽植不久会枯萎，这时别马上把枯萎的竹挖掉，而应该切掉上方的竹，保留根部，因为隔年仍可能长出竹笋。

竹栽植时应从整体平衡考虑，以一定间距把 2~3 株合植在一起。

毛竹栽植时要观察竹竿的弯曲度。若竹竿全部偏向一侧会不自然，因此其中几株可以偏同一方向，其他应偏另一方向。

●竹会新旧交替

竹无论多么用心栽种，要呈现竹林的自然感还是相当困难的。因竹每年都会自然长出竹笋，并长成新竹，故要切掉旧竹才能保持自然竹林的感觉。约 7 年之后，竹就会完成新旧更替。

●别忘记切根

建造竹景庭院最重要的是要避免竹根延伸到其他用地中，所以要在土面下 40~50cm 深的位置，埋防止走根的混凝土板或塑料板等，否则在特别设计的铺砾石或草皮的庭院中，突然冒出竹，那就画蛇添足了。

●日照过度时

竹若栽种在日照过度的场所，会导致竹竿的青色改变。为此，栽种时要注意场所，日照较少的场所才是竹喜欢的环境。

竹除了竹笋成长期间外，其他时期均可栽种，其中以 11 月栽种最佳。

■竹林下栽种的植物

在里庭栽植毛竹时，毛竹与墙之间的小面积地面覆土铺苔，以小圆石和砾石混合铺设通道，这样风情的庭院中，竹林的下方最适合栽种蝴蝶花、石菖蒲和蕨类等。

此外，竹景庭院中竹林下栽种的植物还有紫金牛、百两金、富贵草、虾脊兰、雁足等。

■竹的养护

竹的养护关键是不要丧失竹子特有的柔软枝尖，因此，竹一般无需剪枝或整姿，只要剪掉老叶即可。叶片太多时，应在不破坏其外形的前提下进行修剪。可使用腐败的老叶铺在根部充当肥料。

表① 竹的种类和栽种场所

竹名	特征	用途
寒竹	高 2~3m。竿直立，表面平滑，幼时略带紫色	一般为丛生，灌木状合植在西式庭院、中庭
紫竹	高 2~3m。枝、叶细，耐修剪。喜肥沃土壤	合植，或作为竹篱
金明竹	高 7~10m。竿黄色，有绿色条纹。散生。叶有白色纵纹，十分美丽	合植在门或前庭旁
乌竹	高 3~5m。竿第一年是绿色，第二年转变成黑紫色	合植在前庭、中庭
方竹	高 3~7m。竿暗绿色，截面呈四方形，姿形美丽	合植在前庭、后庭
业平竹	又称为大名竹，高 4~6m。修长，姿态优雅	并列栽植在前庭
凤尾竹	高 5~6m。新竹长在外侧，犹如保护旧竹般形成密生状	栽植在庭院的边界，或作为竹篱
人面竹	高 3~5m。竿下部的节间变窄，根际粗大	植栽在大庭院
苦竹	高 5~10m。竿较粗（径 5~15cm），节和节的间距较长	合植、群植在庭院
毛竹（孟宗竹）	高 5~10m。竿较粗（径 15~20cm），小枝密生	合植、群植在大庭院
箭竹	高 2~5m。竿直立。丛生。古代用来造箭	栽植在露地、石灯笼或蹲踞周围
五叶箬竹	别称神乐箬竹，高 30~80cm。属于小型竹，密集成为群落状	栽植在池畔、倾斜的地面
山白竹	高 30~80cm。叶长椭圆形，冬季边缘会枯萎变白	栽植在倾斜的地面，庭石旁
柳叶箬竹	高 10~30cm。成群成长在水边湿地	成群栽植，或附石栽植

竹的庭院

以潺潺的水流和竹林为主景的庭院，丝毫不留人工痕迹，而且流水和竹林下面的植物搭配极为自然。

孟宗竹造景的庭院。竹林和杂木林连接十分自然，再用红叶表现自然山景。

栽种用来固根的草，可稳定植栽。山白竹无论如何配置，都能营造野趣风景。

小山白竹能营造柔美气氛。为了保持其低矮的高度以呈现美感，需要勤快修剪。

竹很适合配置在里庭等小庭的狭窄空间。业平竹也能适用于西式庭院。

竹及其他植物错落有致，蹲踞、石块搭配巧妙，由此形成的“小溪”相当有韵味，可看出设计师的艺术修养。

通道两边栽植矮竹，表现山路般的风情。这里使用大量的箬竹造景。

青苔造景庭院的设计与施工

建造庭院时，往往要统合景观、稳定土壤，而地被植物则担任重要的角色。京都的庭院那么优美，多半是仰赖地被植物（尤其是青苔）。庭院设计师最大的苦心在于如何巧妙使用地被植物或园草。由于庭院造景时，地面的处理相当重要，因此地被植物的应用是重要的研究课题。“苔”是地被植物中的代表，也是对日本庭院有相当影响力的植物，其特有的绿色，能美化庭院，给人祥和感。把青苔当作庭院的地被植物使用，是日式庭院特有的，主要是日本不少地区具有青苔生长的优越条件，而把青苔纳入庭院设计的例子不胜枚举。

■青苔的种类

据说青苔的种类在日本约有2000种，但使用在庭院的青苔并不多，代表性的有土马鬃、忍苔、灰苔、白发鲜苔、笔苔、笠苔、桧苔、长柄砂苔、高野万年草、鹅观苔、砂苔等。

■建造青苔造景庭院的条件

认为建造、管理青苔造景的庭院非常困难的人不少，其实只要满足日照、湿度、通风、土壤等条件，就能让青苔生长良好，困难就迎刃而解。

■青苔靠什么成长——青苔的栽培

①日照

青苔靠空气中的水分成长，只要有午前日光就足够，并不需要太多土壤。青苔讨厌直射日光，而且也要避免午后的强烈日照。因此建造青苔造景的庭院时，必须以避免长时间接触直射日光为要。应选择夏天有树荫，冬天有从树枝上洒下的日光的地方栽培青苔。

②湿度

有的地区傍晚常下阵雨，故湿度高，适合青苔的发育生长。若自然条件下就有充分的露水，那湿度就不会太低。无露水时，可傍晚浇水一次。浇水时最好不要使用自来水，同时注意别浇太多水，因为浇水过多，不但不利青苔生长，还会让病原菌快速繁殖。

③防风

适当通风是必要的，但要防止大风直接吹到青苔上，为此可设置竹篱、树篱等挡风。空气强烈流动会使空气的湿度降低，导致空气干燥，青苔就无法吸收成长所需的水分。

④排水

青苔主要是靠吸收空气中的水分成长，故几乎不需要土壤，土中若积水，则容易引发病害菌，因此土质以砂质土为宜。也有人采用农田土、山砂和珍珠岩混合栽培青苔，其下部再铺砾石促进排水，避免土中过湿。

■青苔造景庭院的设计

用地除了要有起伏、排水良好外，也要以地瘤的方式做好造型。青苔本身就很美，故设计时主要考虑如何让青苔生长良好，为此要选用有助于青苔生长的地盘，同时注意日照、通风及配置的植物，这些都是建造美丽青苔造景庭院的必要条件。

■青苔的养护

青苔生长过程中无须特别的肥料，只要有适量的水就能充分成长。水以雨水、井水等天然水为佳，使用自来水的话，应在太阳下曝晒2~3天后再使用。青苔生长不强壮时，可施以水溶性肥料。

■青苔的管理

冬天可覆盖松叶或茅草保护，以防范霜、雪、空气干燥等危害。结霜严重时，土面会被推高，青苔也随之浮起，故要用绳子等把覆盖青苔的松叶或茅草等固定在地面。而且这些作业，除了具有保护青苔的作用外，也为冬季的日式庭院增添另一番风情。例如松叶并非随意覆盖在青苔上，而是少量扎成一束一束，再以互相交错等方式来摆放，这在传统日式庭院称为“化妆”，其呈现的纤细美令人感动。

青苔的庭院

用竹编篱笆作背景的通道周边风景秀美。幽雅的庭石和土马鬃、园草、直立的杂木形成美丽的平衡。

铺贴青苔的小地瘤，把粗犷的石组衬托得更吸引人，也让鲜绿的青苔显得更美丽。（设计／吉河功）

这是用柳杉、小枹、红叶、土马鬃和园草统合的露地风格庭院，锈色砾石和青苔的线条是观赏重点。（设计／三桥一夫）

通道边的蹲踞与水钵、石灯笼、植栽等协调地融合在一起。（设计／岩谷浩三）

连接建筑物与庭院的飞石、通道、树篱等，以及地面图案，都表现出设计师的高明设计手法。

山野草、林下草造景庭院的设计与施工

想把山野草移入庭院有一定困难，不仅因其不容易购得，而且可能会买到很陌生的种类。因此这里把林下草与山野草合在一起来说明以其为主造景庭院的设计与施工方法。山野草、林下草的种类繁多，在此介绍的是一般庭院常用又容易购得的种类。

■山野草、林下草的使用

仔细观察庭院中石头缝隙或树木下方，必然会发现1株或2株的山野草或林下草。其使用方法相当广泛又多样，可栽植于石组之间，水钵周围、溪流或水池边，飞石和通道边缘，植物下用以固根，还可作为地被植物使用。这些草之所以是庭院构成不可或缺的素材，主要是因其能为庭院营造不同的风情。

庭院并不一定要栽植树木，或铺草皮、配置石组，有时依据日照、土壤等条件，以山野草、林下草为主，也能建造风格突出的庭院。重要的是我们必须了解这些山野草、林下草的用法和性质。避免把原本生长在山里的草栽种在水边，或者把生长在水边的草栽种在干燥的地方。

山野草、林下草除了配植于中等高度或较高高度的树木下面外，以群植形式打造以草为主题的庭院也别有韵味。某一种东西聚集，例如砌石、铺石等，通常会产生整齐的美感。故把山野草、林下草用来固根等或聚集使用，既有地被的效果，又极具美感。

这类草的优点是管理简单，成长快，繁殖也容易，不过也需要适当养护。

■山野草、林下草的种类（表①）

到自然山野走一趟，仔细观察山野草、林下草的成长环境。将它们栽植在庭院时，若脱离其自然生长的环境，就无法打造出自然景色，也无法持久。故

杂木林的趣味在于其栽植方式与大自然相融合，而这种融合也取决于林下草等的巧妙配置。

草珊瑚会结红色果实，因此是用来装饰庭院不可或缺的素材之一，它可以点缀竹篱，或当作林下草栽植等，都有不错的效果。

必须了解这些草生长在何处及如何栽植，才能欣赏到其原始的韵味。

■山野草、林下草的繁殖和采集方法

近年来，正掀起一阵栽植山野草、林下草的热潮，连园艺店也有贩售。另外，为了获得山野草、林下草而进行郊游、旅行的人也在增加。

到山野采集山野草、林下草时，要注意遵守法规，绝对不可前往公园或其他禁止采集的地区采集。同时，采集时要避免将其周围的植物连根拔起。只可采集必要的量，而且要避开成株，只采幼苗，这样既容易采集，也容易养活。

采集之时要小心挖根，要完全去掉根上的土壤，然后在塑料袋中滴几滴水，放入采集的山野草、林下草，再以袋中充满空气的状态用橡皮圈束紧塑料袋后带回。

表① 山野草、林下草的种类和使用场所

山野草、林下草名称	科名	特　征	使用场所
菖蒲	鸢尾科	成长在山野的多年生草，春夏茎顶会开紫色花	池边、河边
井口边草	水龙骨科	常绿多年生草，多半生长在井口边，故取此名	茶庭、露地
卷柏	卷柏科	常绿多年生草，野生在岩壁或岩石上	池畔、岩石间
虾脊兰	兰科	5月开紫褐色、黄色或白色花	附石、与植栽配植
万年青	百合科	常绿多年生草，形状挺立、端正	附石，玄关旁、中庭
山慈姑	百合科	多年生草，群生在山地，叶或花都很美	落叶树下
百两金	紫金牛科	常绿亚灌木，夏天开白花，秋天结红果	水钵前、附石、固根
杜衡	马兜铃科	常绿多年生芳香草，喜阴，从晚秋到初冬开花。	茶庭、露地
甘草	百合科	生长在山野、小河堤等的多年生草，夏天开1日花	日照良好场所
桔梗	桔梗科	是秋之七草之一，8~9月会开5瓣的吊钟形青紫色花	附石，固根
吉祥草	百合科	叶片细长，前端尖，晚秋会开淡紫色小花	池畔、附石
紫萼	百合科	喜欢半阴，7~8月会开淡紫色、黄色或白色的花	固根、边饰
雁足	水龙骨科	落叶生多年生草，蕨类中叶较大品种，鲜绿色，坚挺美丽	单植在石庭、园路边
兰花双叶草	兰科	生长于山林、竹林的多年生草，适合湿地，具有别样风情	池畔、河边
蝴蝶花	鸢尾科	常绿多年生草，喜欢湿地。叶子鲜绿色，柔软有光泽	大庭院的阴湿地
秋海棠	秋海棠科	叶柄带红色，秋天会开美丽的粉红色花	附石、河边、水钵前
十二单	唇形花科	多年生草，全身有白色绒毛	附石、固根
春兰	兰科	常绿多年生草，群植在半阴处树木下，显得格外秀美	附石、固根
白及	兰科	叶片长椭圆形，前端尖。5~6月会开红紫色的美丽花朵	玄关旁、附石
土马鬃	苔科	深绿色，茎直立、不分枝、密生，多叶片	地被
堇菜	堇菜科	春天开紫色或白色花，有令人舒适的纯朴感	附石、边饰
石菖蒲	天南星科	生长在溪边的常绿多年生草。叶前端是尖的，暗绿色，柔软	池畔、石庭
薇	薇科	新芽卷成拳头状，覆盖白色绒毛，叶的长法十分特别	飞石边、水钵前
草珊瑚	金粟兰科	常绿亚灌木，树势强健，耐寒，冬季会结美丽红果	附石、固根
马蹄金	旋花科	匍匐性多年生草，4~8月开花	地被
玉簪	百合科	花比紫萼大，9月的傍晚开花，但翌日清晨凋谢	树木下、河边、水钵前
儿百合	百合科	4~5月茎前端会开白色可爱小花，群植很美	茶庭、以野草为主题的庭院
橐吾	菊科	常绿多年生草，叶深绿色，有光泽，10月开金黄色花	玄关旁、水钵前
木贼	木贼科	常绿多年生草，叶深绿色，有筋，并以纵凹状游走表面	池端、水钵前
黄精	百合科	喜欢阴地，5~7月开下垂状的绿白色花	茶庭、露地
花菖蒲	鸢尾科	6月会开紫色、白色或黄色的美丽花朵	池畔、河边
蜘蛛抱蛋	百合科	常绿多年生草，喜欢阴地	地被、边饰
风知草	禾本科	叶片细长，经常向下，夏季到秋季出现绿色花穗	茶庭、露地
富贵草	黄杨科	常绿多年生草，4~5月在茎前端开白色或黄色花	石庭、池畔
小山菜	桔梗科	6~7月开白色或淡红紫色的吊钟状花	玄关旁、前庭
油点草	百合科	从夏到秋开花，淡紫色花瓣上有暗紫色斑点	树木下、附石
朱砂根	紫金牛科	常绿亚灌木，叶片呈长椭圆形，有光泽，冬季的红色果实很美	水钵前、附石、固根
紫金牛	紫金牛科	常绿半灌木，叶片呈长椭圆形，有光泽，冬季的红色果实很美	水钵前、附石、固根
兔耳伞	菊科	多年生草，叶呈掌状有深裂，早春从地中探头，嫩叶颇具风情	石庭、水钵前
虎耳草	虎耳草科	红紫色的线状藤蔓会长出新株，5~7月开白色花	水钵前、附石、
獐耳细辛	毛茛科	多年生草。叶三尖裂，早春3月左右会开白色花	石庭、水钵前
沿阶草	百合科	初夏在线状的叶间开白色小花，冬季会结青色果实	地被、边饰
龙胆	龙胆科	以秋之名草闻名，10月会开美丽的紫色花	石组之间

山野草、林下草

富贵草（黄杨科）

马蹄金（旋花科）

龙胆（龙胆科）

油点草（百合科）

叶兰（百合科）

草珊瑚（水龙骨科）

小山菜（桔梗科）

橐吾（菊科）

知风草（禾本科）

秋海棠（秋海棠科）

菖蒲（鸢尾科）

桔梗（桔梗科）

胭脂白及（兰科）

紫萼（百合科）

吉祥草（百合科）

木贼（木贼科）

百两金（紫金牛科）

花坛的设计与施工

委托专业公司建造庭院时，多半的业主会要求拥有花坛。能在家里拥有一个全年绽开各种花的地方，多么令人兴奋。对于建造庭院的专业公司而言，当然愿意满足顾客要求，不过也会保留些许空间让业主自由发挥。因为除了眺望欣赏美景，相信业主也想亲身体验开花植物播种、萌芽、开花的全过程。

■应设置在庭院何处

在庭院设置花坛，可依庭院条件而异，以风少、日照好的场所为首选。至于要使用哪种材料，请参照图①。

选定建造花坛场所后，可仔细拟订栽植计划。此时，必须考虑要种什么花以及花会在何时开放，高度大约多少等，从而决定花坛的栽植方式。为了全年有花可欣赏，也要研究栽种时机、如何配色等。

图①　建造花坛使用的材料

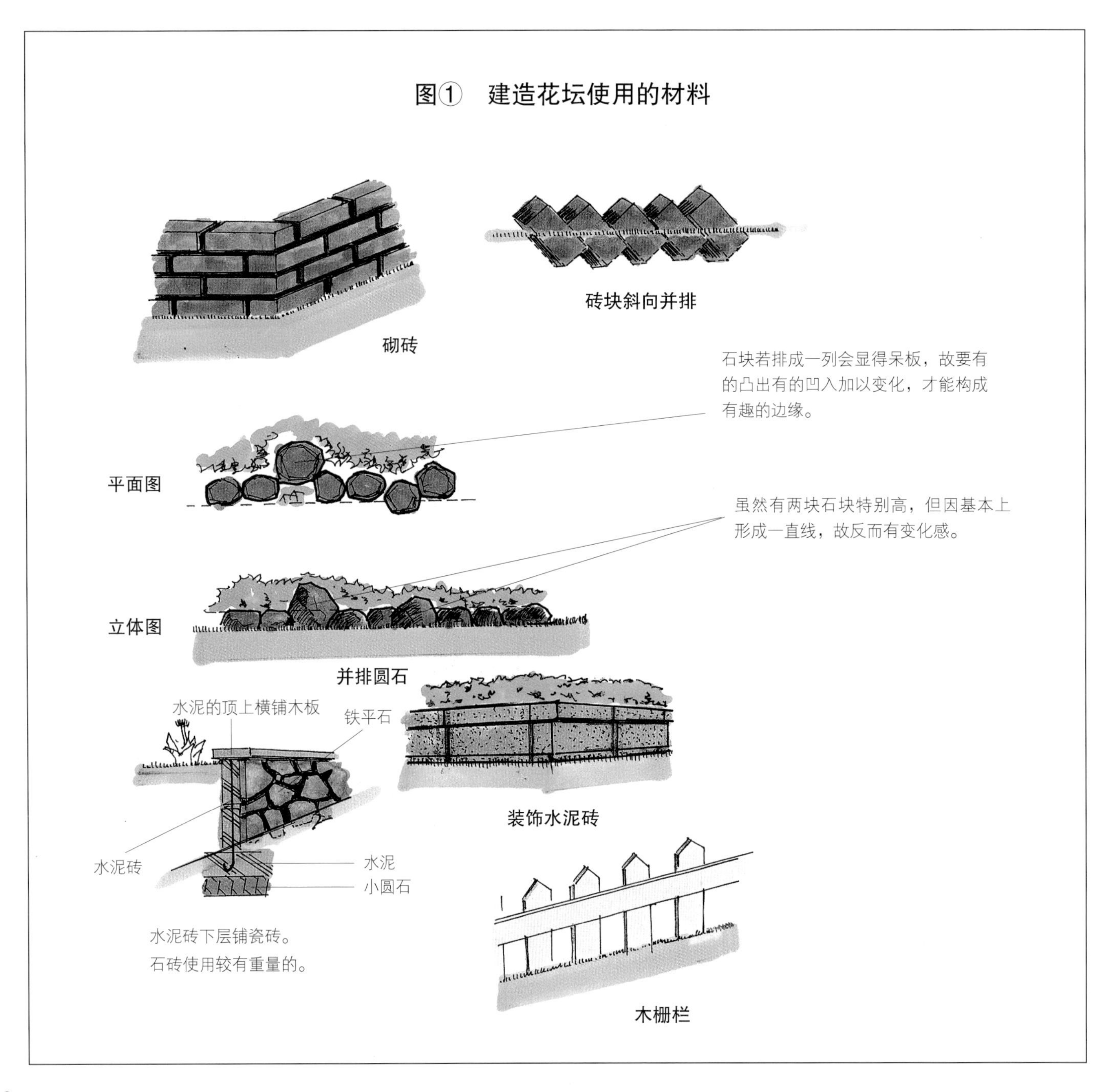

■适合花坛的花

要栽种哪些花？请注意下列要点后再做决定。

①务必强壮

因众多聚集栽种，所以要耐风、耐温度变化，而且最好是耐病虫害的种类。

②颜色美、花朵多的种类

③开花期较长的种类

■花的种类

● 宿根、球根类（参照 178 页）

和只开一季花就结束生命的一年生草相反，宿根、球根植物一旦栽种，就会固定在每年同时期开花。由于不必经常管理，每天都会开一次花，所以若希望花坛持续有花绽开的话，就请巧妙组合开花期不同的宿根草、球根类植物。

● 一年生草类（参照 179 页）

一年生草顾名思义就是会在一年中的固定时期开花然后凋谢，故必须每年重新栽种。不过其开花期长，花朵也多，值得栽种欣赏。

■花坛的施工

● 选择缘边材料

决定设置花坛的场所后，就要决定花坛缘边的材料。选择材料的基本要求是施工容易、方便购得。

石类材料有大谷石、水泥砖、红砖、玉石、六方石等；木类材料有烧过的圆木、木制的篱笆；还会使用到其他材料，如各类瓶子、铁制拱门等。

● 调整土壤

为能欣赏美丽的花朵，花坛内就必须使用优质的土壤。建造花坛属于造园工程的一部分，因植栽、草坪填缝隙都需要使用农田土，故可请专业公司顺便帮你准备好花坛用土。除非是纯粹的黏土质，否则只要去除杂草、石块，然后加入肥料即可调制成合适的土壤。此项作业虽然会因花坛大小、栽植的品种有些差异，但通常可使用以下方法。$1m^2$ 洒 100g 的石灰进行消毒，并充分松土混合。这样搁置 1~2 周，然后 $1m^2$ 洒约 3kg 的堆肥、泥煤苔、腐叶土等，再充分松土，有时还要添加油粕等。此外，务必考虑排水问题。雨天若有积水，将会有严重困扰，甚至导致植栽死亡。为此，花坛的底部要有一定斜度，或者设置排水管。

图② 花坛的设置场所

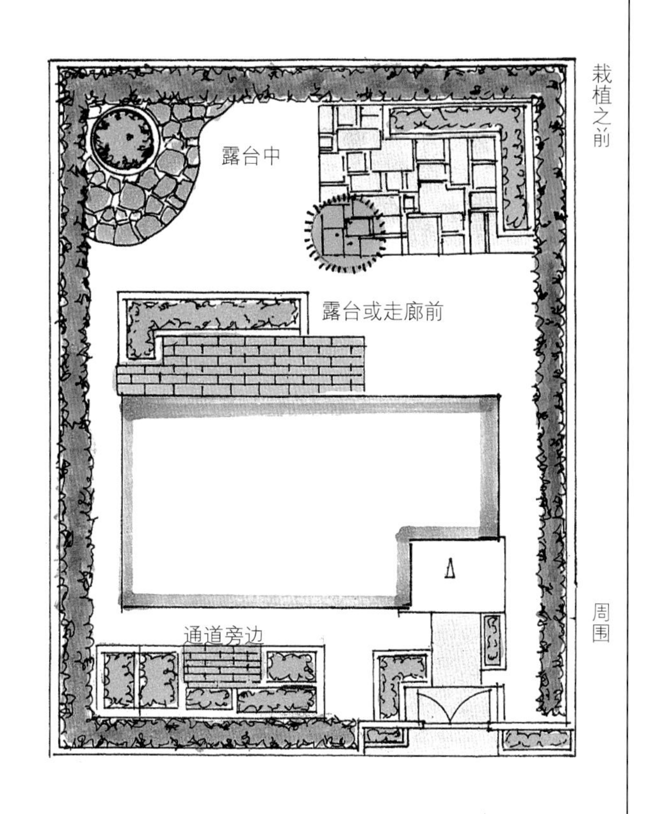

施工小技巧

● 红砖要充分吸水后才能使用

使用红砖时，请将红砖放入水桶泡水，使其充分含水后才可涂抹砂浆。因为红砖是“素烧”品，会吸收砂浆的水分，导致无法粘着，故使用前要充分泡水。砌好红砖后，请用吸水海绵擦净多余砂浆，否则干燥后难以处理。

● 使用小圆石制作花坛缘边时注意点

使用小圆石制作花坛缘边时要注意，石头的上缘线非一直线，石头前后凹凸都没有关系。也可在草坪或植栽边界排列小圆石，但也要利用些许不整齐来打破单调感。

不过，必须要有基本线，几处的不“整齐”只为了突出装饰重点罢了。这也是展现石组的美感技巧之一（图①）。

花坛

设置在庭院边界的花园风格花坛，呈现出多彩缤纷的华丽感。

巧妙配置红砖和园艺用品，形成充满趣味的庭院。

用红砖砌成的圆形花坛是庭院的重点景观，里面栽种生气勃勃、花期长的一年生草本植物。

设置在门边的美丽小空间，合植柳穿鱼、三色堇。

即使是窄小的空间，也可摆放栽种多彩花草的盆栽，构成华丽的花坛。盆栽容易移动，故想改变花坛花样也容易。

为使庭院更赏心悦目，建议花些心思，多配置一些装饰物。

利用建筑物的一角建造的花坛内，群集栽种的矮牵牛，显得十分清爽美丽。

花坛要设计成花坛内植物即使没有开花，依旧能有耐人寻味的美感和造型感。（设计/三桥一夫）

以红砖构成边缘的半圆形花坛，花坛周围摆放的盆栽和小装饰物充满趣味性。

石组造景庭院的设计与施工

庭石大致分为山石和川石。因采集川石有的地方已被禁止，故目前多半使用山石。除此之外，还有泽石、海石等。

■石块的选择

选择石块时，基本上宜选择同种、同系的石块。若庭内使用差异很大的石块，会让庭院缺乏融合感。同时，若使用太多红色、青色等颜色鲜艳的石块，也会缺乏稳重感。因此，庭院以典雅的基调色石块配置，看起来较为舒畅。另外，圆形石块在和其他石块组合时，难以取得协调，故尽量选择有凹凸形的石块。

石块的使用方式大致有两种，即单块当景石使用或者两石以上组合使用。所谓景石是指值得观赏的单块石块，往往单独配置使用。石块组合使用时，若执着于每一石块是否美观，那将难以完成组合。由于石块往往以 3~5 块组合时便会自然产生美感，所以其中一石块稍有缺点也无妨，可借由组合时的互补，形成优美的造型。

■庭石的种类

庭石的分类方式有如下 3 种。

①以生产场所区分

有山石、川石、泽石、海石等。

②以石质区分

有安山岩、花岗岩、绿泥片岩、凝灰岩等。

③以产地区分

不同的产地就冠以产地名称，如产于筑波的石块则叫筑波石。

■组合石块的施工

●模仿大自然的组合

庭石在各地都有生产，也各有其特色。故建造庭院时，使用附近生产的庭石较经济，供选择的品种也较丰富。也正因如此，许多知名的石块产地，也发展出众多知名庭院。

石块是建造庭院的重要素材，作者可借其打造出各种风格的庭院。和绘画等其他艺术一样，美的表现是没有规则的，设计师在设计庭院时，最好能自在活泼地创作，展现个人风格。

事实上，为了避免造型不美观或不平衡，石块组合是有其规则和禁忌的，最好的样本就是大自然。可观察大自然中的溪谷、瀑布、水池、流水等，大自然总会很奇妙地把石块最美的一面显露出来，并且使其保持最稳定的形态。

从古至今，知名的庭院设计师都会借由瀑布、流水等向大自然学习石块组合的奥秘。

●确定庭院重点

决定石组如何配置之前要先想好把庭院的重点放在哪里。

虽依庭院条件会有所差异，但决不可以将石组设置在庭院中心。以庭院结构而言，重点要定位在其左右某一方，再把当作中心的石块安置于此，之后再继续配置附属石块（配石）。

庭院的主从部分，应以 7 ： 3 的比例划分（图②）。

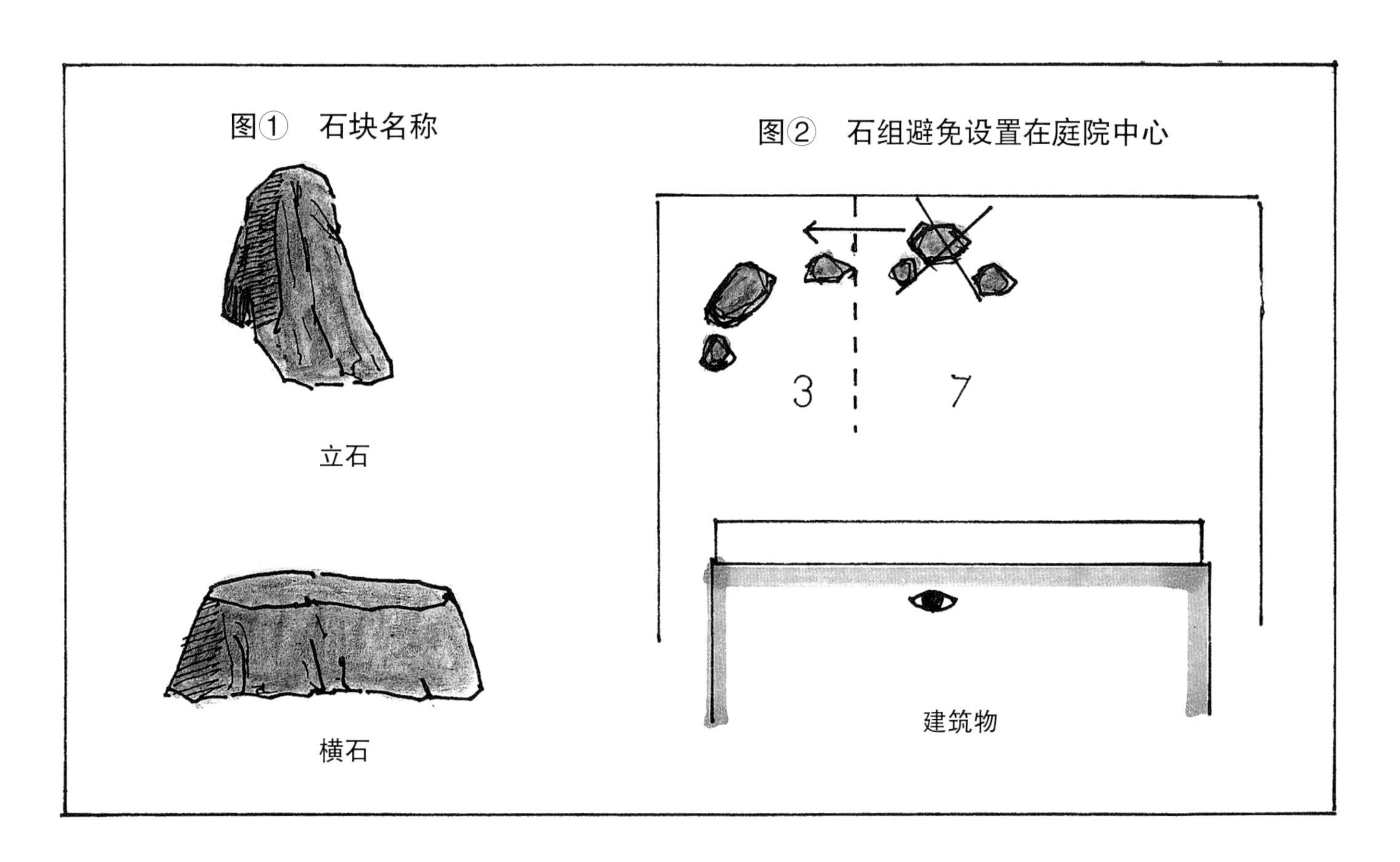

● 石块组合的基本形式（图③～图⑥）

石块组合的基本形式有一石、二石组、三石组，即使使用众多石块的石组，也是以这些组合为基础。

● 配石的方法

把准备使用的石块全都摆放在庭院中，从其中选出可当作主石的石块，然后依序选择跟从主石的副石及添石等符合设计的石块。

主石是庭院里的主角，所以其外形要大且有风格才行。如果仅从美观考虑，把看起来漂亮的那面作为正面也可以。

也有所谓的“里用法”，即将石块里侧面作为正面。

● 石块的节理（图⑦）

每一块石块都有被称为“节理”的纹路，摆放时要顺着纹路的方向才不会有突兀感，且能充分突出石块的特点。

● 石块的作用

竖向的石块，或是横向的石块，或是斜向的石块等，都有其使用方式，故可分别称为立石、横石、斜石，可适当地加上添石进行组合。横石虽有稳重的安定感，但缺乏跃动感。应该在不破坏整体石组流向和关联性的前提下，突破过度的稳定性。这虽然较难以实现，但宜在保持庭院的整体平衡下，下工夫去营造，会产生令人刮目相看的生动感。

巧妙组合的石块，好像有生命一般灵动。

图③　石块组合的基本形式

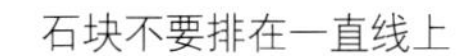

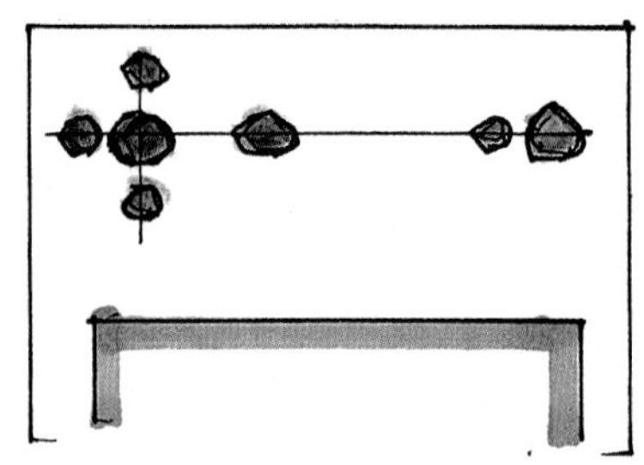

二石组

图④　二石组的基本形式

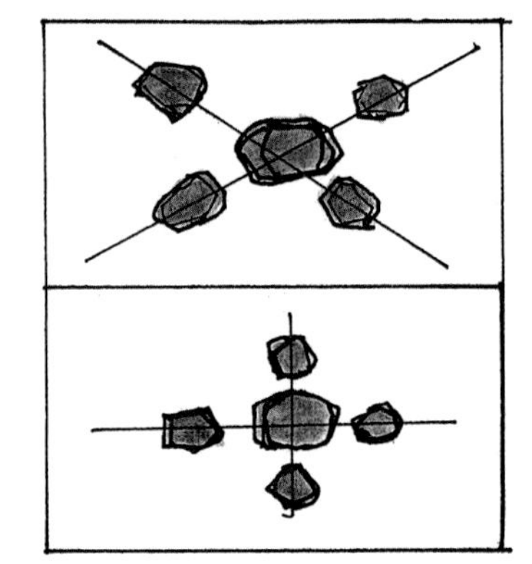

二石组成功的例子

二石组失败的例子

图⑤　三石组的基本形式

应用三石组的基本形式，扩大成五石组、七石组，最重要的是充分利用“石块的个性”。别执著于个别石块的形状，要从整体石组的美感与功能考虑。

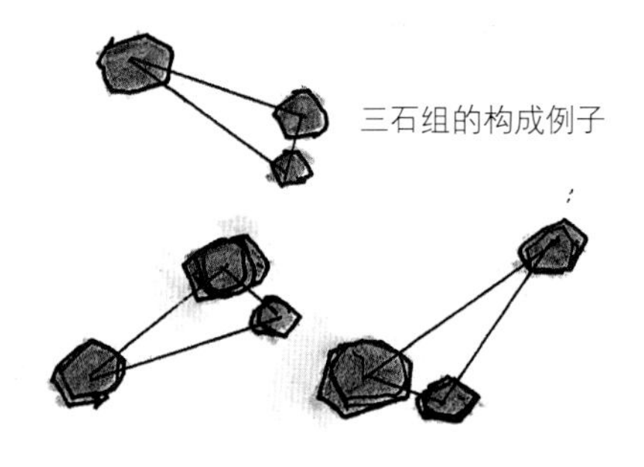

三石组的构成例子

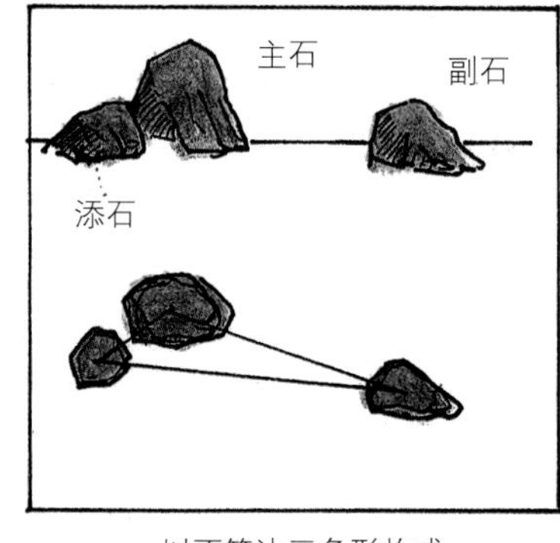

以不等边三角形构成

图⑥　石组在庭院内的变化

①在平地组合的石组。
②堆土让石组产生变化。
③添加植物来丰富石组变化，并营造景深。

●石块的“态势”（图⑧）

石块各有其“态势”，即不同石块展现出的往上、往侧边、往斜边的气势。搭配石组的时候请别违反石块本身的“态势”，而应该顺着其态势活用。

●右胜手石、左胜手石（图⑨）

在石组中，每块石块都具有其功能。使用于右侧的称为“右胜手石”，用于强调左侧的称为“左胜手石”。因此使用石块时，要竖立用或横放用，石头的正面、里面如何决定，是右胜手或左胜手等，都需要仔细考虑。虽然石块的划分法、使用法有所不同，但只要自由地发挥自己的创意即可。因此设计得当的话，便可发现意想不到的石块组合法。

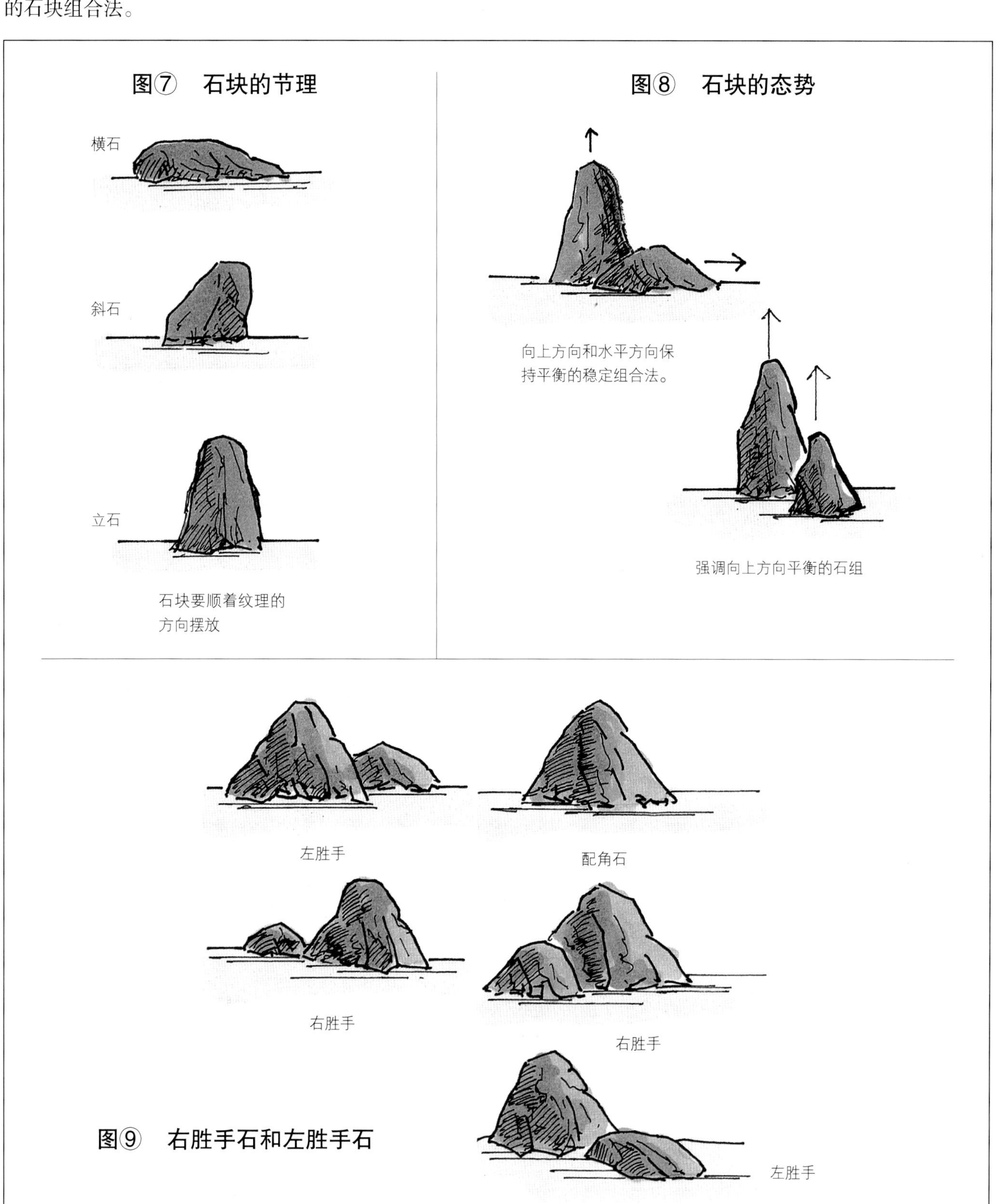

● 石块的埋入深度（图⑩）

摆放石块时禁忌“断根”，断根可能会使其丧失稳定感和厚重感，因此需要将其深埋。如果希望石块看起来好像在地里扎根一般，又要在没有其他石块衬托下表现出巨大感时，可借由植栽或添石来解决。要注意石块的线条流向，再配合其流向去寻找符合此流向的其他石块。

■瀑布石组的设计（图⑫、图⑬）

若从正面就能一览无遗地展现瀑布的景观，会缺乏趣味性，故要在石组前面添加斜立石稍做掩饰，呈现“进深感”。

接着再以“扭曲”手法，即以“若隐若现”的方式来表现景深，让观赏者在行进中，也能欣赏到瀑布的不同面向，增加新鲜感。不过最好不要在瀑布前架桥，否则会因纵向直线切割瀑布，破坏整体性。建造庭院时，无论配置石块或植栽都别忘记“线条流畅性”，若整体线条流向遭到破坏，将严重影响观感。

植物别栽植在瀑布口，需要与其保持适当距离，营造可从植栽间欣赏到瀑布的效果。变化的植栽为瀑布增添情趣。若用飞石取代桥，则别有风味。

石组的庭院

制作飞石瀑布的重点是使用大块的天然石，并以有节奏感的方式摆放，且要注意瀑布整体造型。

施工小技巧

●使用石块的里侧面

使用石块时，会有正面、里侧面的问题。若石块都只呈现其漂亮的一面，亦即美丽的正面，可能会使石组欠缺趣味性。这时就可利用石块的里侧面来适当调节一下。

●石组的优化安排

为了优化石组，最好的方法是准备一些小石块，先制作一个缩微版庭院，并进行模拟组合，可以堆土，布置流水、瀑布……通过反复修改，将其调整至理想的状态，然后进入正式设计与施工。

●排列圆石时

在草坪边界排列圆石时，若能活用石组，边排列边做变化，景致会更生动。若一步到位有困难，可先将圆石全部排列起来，然后通过全面观察，修正重点部分。别太在意细节，无论栽植植物或组合石块，都可大胆去实践自己的构想。

庭院的入口附近，使用棱角锐利、线条刚硬的石组，给人充满力量的感觉。

庭院中心的枯瀑布石组，展现出豪迈感。（设计 / 吉河功）

以远处的山峰作为背景，打造出与自然融为一体的空间。（设计 / 吉河功）

犹如一幅画作般优美并展现稳重感。

聚集在庭院一角，充满存在感的三石组，其端正美丽的姿态在白砂砾中更显优雅。（设计 / 吉河功）

以篱笆为背景组合而成的七石组，把各石块的气势、流向整合为一体。（设计 / 吉河功）

庭院也需要让人有新感觉的素材和造型。此案利用白川石的切割纹路来营造阴影和装饰焦点。（设计/三桥一夫）

从起居室即可眺望的枯瀑布和枯流水。生活中每天都在欣赏的庭院，除了要具备造型外，也要有使人舒心的自然感。（设计/三桥一夫）

把水应用在庭院中会有意想不到的效果，例如清凉的流水、闪烁日光的流水、漂着红叶的流水等。（设计/三桥一夫）

砂、砾石造景庭院的设计与施工

日本在很久以前就将砂和砾石作为庭院的覆地素材使用，其具有防止雨、霜造成地面泥泞，避免沙尘飞扬和杂草丛生等优点，还可在造型上提供辅助作用。设计枯山水造景的庭院时，用砂、砾石来表现水流，也可表现海浪、海边的砂纹等。京都大仙院、龙安寺的石庭、银阁寺的向月台等都是以砂、砾石造景的著名例子。

枯山水的设计手法伴随禅宗发展而来，其最大特征是巧妙安排所谓的“留白”空间，用以扩大、强调涵盖其中的超现实意义。

现代的多元化庭院中，依旧在充分活用砂、砾石的原始功能，即在日照不良处、排水不良处或植物发育不良处，利用砂或砾石造景。如何把古老的设计手法，应用于现代的生活中，就成了需要研究的课题。

■砂和砾石的种类

砂和砾石有很多种类，可依其特色来利用。用于庭院的砂和砾石必须具备以下条件：

粒径大小均匀，色彩优雅、美丽；脏污不明显；不容易变质或破碎。

砂是微细的砾石。砂可分为细砂、中砂、粗砂，也可根据颜色分，还可根据需要选用合适的砂。

■砂和砾石的使用

砂或砾石并非只是铺在地面上即可，其用法依场所不同而异。想让庭院表现稳重感时，使用茶褐色或黑色的砂或砾石；若像寺院庭院般表现清静气氛，则使用白色砂或砾石。另外，在日照强烈的场所，为了避免反光，适合使用黑色的，而日照差的场所，就应使用白色的，以增加明亮感。如此般进行多方的考虑才能达到最佳效果。铺砂和砾石的时候也要讲究配色，才能让造型充满趣味性。

■铺砾石的施工（图①）

首先要进行整地。若随便把砾石铺在地面，会逐渐被埋没于土中。为避免此情况发生，砾石可铺厚一些，但造价较高。为此，要先对铺砾石的场所进行整地，即用夯等工具充分压实土壤，然后在压实的地面直接铺混合好的水泥砂浆，仔细敲平后再洒水，之后才铺砾石。此法施工较简单，而且水可在下层流动。另外，还有使用防草垫的方法，即充分整地后铺防草垫，其边角用 U 形铁线固定，最后铺上砾石。这是最快最简单的方法。更完美的方法是先整地，然后铺水泥砂浆，再铺砾石。这种情况下，必须做好排水措施。可把地面整理成有一定坡度，若能加装排水槽、排水管就更完美了。排水槽要用铁丝网覆盖，也可用砾石掩饰。如果预算足够，最好把砾石铺到 6~8cm 厚，如果铺砾石后仍看得到地面，则表示砾石厚度不足，至少要铺 3cm 厚。

■枯山水的建造

枯山水是庭院造景中最难的，设计师需要一定的艺术内涵和创意。

诚如大家所知，枯山水和禅宗有着密切的关系，因此，枯山水庭院也就是让人容易理解禅宗精神的庭院。

日本禅宗在镰仓时代兴起，室町时代进一步发展。平安时代的庭院以有池泉的净土庭院为主流，之后发展为镰仓、室町时代以石庭、枯山水庭院为主，桃山时代以茶庭、江户时代以池泉回游式庭院为主。

枯山水不用文字，而用组合的石块让一般民众理解佛理，如三石组表示释迦、阿弥陀和不动明王三尊大佛，其他的石组则表示五佛、六观音等；砾石表示海洋，其中的石块表示船只，石组则表示蓬莱岛。如此这般借由石块的组合来传达佛理并展现日式景观。

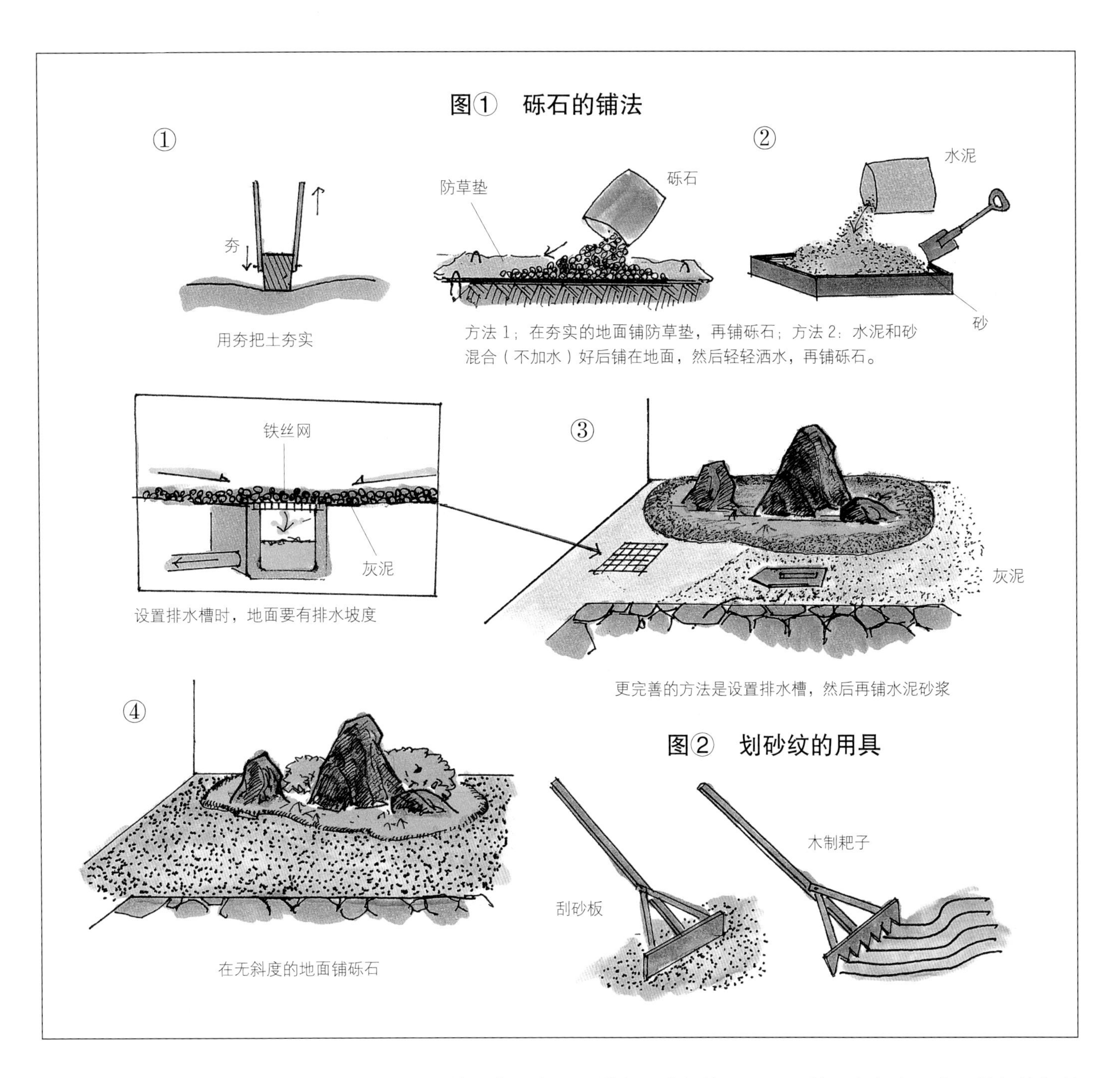

此外，枯山水庭院用代表大自然缩影的枯山水，来阐释禅宗悟道的境界，因此枯山水庭院也成了僧侣修行的场所。

最具代表性的枯山水庭院是京都市的大仙院庭院。狭窄的场所内，正面内侧设有表示瀑布的立石，“瀑布”成为急流进入“山谷”，穿过“石桥”流入“大海”。造园者把瀑布从深山幽谷一路行至大海的大自然景观，微缩在有限的空间里。

人们在理解存于寺院的枯山水庭院蕴藏的禅意的同时，别忘记观赏其精湛的石组造型。把禅意抽象化的表现手法，其实已经超越禅意，带来强烈、严谨、庄重的美感。

现在，人们要把枯山水融入生活中，虽然未必与宗教有关，不过还是值得去学习古人创作枯山水的精要。安置枯山水石块时，别如摆放景石般只摆放一块，应数块加以组合，把石块原本的美感进一步提升。

日本龙安寺的石庭，虽然只是在白砂中以七块、五块、三块石块进行组合，但却能让观赏者自行发挥想象力。有人指称其为“虎引彪渡”，不过这样的解说反而会局限观赏者的想象空间。也许设计师在创作时绝无此意，只是为了追求造型美才如此设计。

以京都名园闻名的各寺院庭院，石组常被植物所遮掩，完全无法观赏的也不少。植物每年都会变化，而石组保留了庭院最原始的美，大家不妨去欣赏那种隐约的美吧。

京都市大仙院的庭院枯山水造景犹如在深山见到的一路流向幽谷的瀑布。

象征三尊大佛的石组浮现在表示大海的砂中。海岸线也被表现得十分柔和。（设计/吉河功）

■砂纹的设计

砂纹，如在京都市龙安寺庭院所见一般，是应用在枯山水的独特景观。那么砂纹有什么寓意呢？铺砂的部分表示海洋，而砂面的线条则象征海面的波纹。

这些砂纹，会因图案、线之间的间隔、线的深浅的不同，而产生不同的光线反射效果，使原本平坦的地面充满动感。一般庭院枯山水若无宽大铺砂空间来描绘图案，可模仿其意境，可用耙子耙出或用扫把扫出纹路，营造清净感。

砂纹的划法如图②所示，用装锯齿状板的木制耙子耙出同心圆或曲线。砂纹图案的种类很多，有微波、大波、山坡、流水、海波、漩涡、波涛等。其解读会依据庭院的寓意而有所差异。

铺砂、铺砾石的庭院

表现小岛浮于大海中的景象。石块和松树等植栽的配置相当秀逸，呈现出宽阔感。

用砌石来区隔，把水钵也纳入景观中，并以枹栎、枫树营造野趣。

“石舟”漂浮在象征大海的砾石上。在日式庭院中，自古以来就有这样的石块象征开往蓬莱仙岛的宝船。（设计/吉河功）

砂纹的种类很多，可在砂面描绘多彩多姿的图案，一气呵成是划砂纹的要诀。（设计 / 吉河功）

主庭和里庭，通过石板路和飞石自然连接。地面铺以水泥，然后铺砾石。（设计 / 三桥一夫）

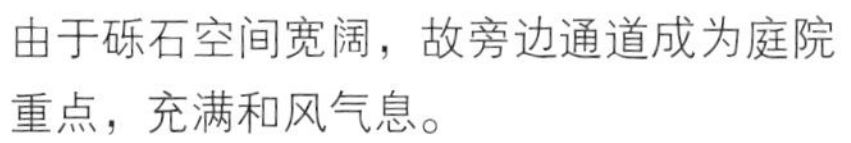

由于砾石空间宽阔，故旁边通道成为庭院重点，充满和风气息。

可观赏飞石、砂纹和庭石所产生的对比效果。兼备实用性和观赏价值是庭院造景的重要要求。（设计 / 吉河功）

表现枯瀑布和流水的景色。瀑布和其前方重叠的石组部分，有表现景深的效果。（设计 / 吉河功）

铁质水钵坐落在砂石中，在砾石、石块的衬托下，水钵的身影被突显得更加美丽。（设计 / 吉河功）

池塘造景庭院的设计与施工

池塘在庭院中占有不小的比重，而且没有西式、日式风格的区别。庭院中如果没有水，就缺乏动感，没有生气，故庭院中至少要有一处有水。

例如石块、常绿树和草坪造景的庭院，都缺乏动感和变化。而水流的动感与风情，则是文人雅士对美的独特追求。

■自然风池塘和工整形的池塘

●自然风池塘

现在我们见到的留存在寺院中的日式庭院的池塘，都是自然风池塘。建造自然风池塘的目的是把水活用在庭院中，把大自然的山、川、海、湖景色拉近身边，满足人们对大自然的憧憬。

说起自然风池塘，其构成要素包括瀑布、流水、山间急流、静水区，以及搭配用的植栽、飞石、大小沙洲、桥、护岸石组等。池泉回游式庭院，就几乎把山、谷、流水、瀑布等要素都包含其中。

自然风池塘的最大特征是拥有美丽的线条，以及搭配精妙的护岸石组。据说那些线条是表现“心”、“水”、“米”的草书，其新颖独特的造型的确大大发挥了美化效果。

●工整形池塘

西式庭院的池塘，多半是以直线、曲线组合成的几何形池塘。规模较大的此类池塘在凡尔赛宫等处可见到，其多为左右对称式并加设喷泉。

我们现在能见到的庭院多半是东西合璧的形态，严格来说并非纯正的西式庭院，确切地说应该是带西式风格的庭院。

西式庭院的池塘边缘多半采用铺红砖、砌青石、铺瓷砖、贴石片等方式建造，并设置有喷泉、雕塑、壁泉等。

通常来说，西式庭院的池塘要和草坪产生对比才有效果，此外必须和建筑物外形相协调。在造型多样化的现代，庭院的池塘更需要以创意活用新的素材进行设计。

■鱼池的建造

建造池塘，是为了饲养鱼，还是纯粹用来观赏，“池塘的使用目的为何”是个重要问题，必须慎重考虑。要想让池塘保持美丽状态，就需要完善的设备和管理。如果完工后的池塘，仍是污秽不堪，那就太令人失望了。

如果池塘不用于养鱼，那么市售的池塘清洁设备就够用了，而不用特别安装过滤设备。若原本设计不养鱼的池塘，完工后却在该池塘一次又一次地放入高价购买的观赏鱼，池塘必然污秽。此时已无法重新安装过滤设备。所以设计师与业主事前务必仔细协商后再施工，以施工者的立场来说，无论如何都应考虑到配管问题，把配管纳入事前计划较为稳妥。

■池塘的施工

●水泥砖砌法

这是庭院建造书中常介绍的做法，但笔者并不推荐。因为水泥砖本身会渗水，即使外面加涂水泥，其厚度也有限，且水泥砖无论多仔细砌，都非一体成形。而浇注混凝土反而较为耐用，不用担心时间久了会渗水。

●使用塑胶布的简易水泥施工法（图①）

确定池塘的位置及形状后，沿其边缘线挖深约 80cm、宽 20~30cm 的沟，在沟内铺砾石后充分捣实。接着使用农业用的塑胶布，铺在挖好的沟里，再浇注新拌的水泥，若再配合钢筋就更完美了。搁置5~6天后挖掘池塘内部。池塘挖好后铺砾石并捣实，上面铺铁丝网，再用新拌的水泥打底。由于壁面的水泥铺有塑胶布，所以完成后池壁光滑美观。若只是7~10m^{2}的池塘，采用此法施工就足够了。

●袋打法（图②）

解决漏水问题，最好的方法就是采用在底部浇注水泥的“袋打法”。确定池塘的位置、形状后，依据其大小、深度开挖，底部铺小圆石并充分压实。其上再铺碎石或砾石，把小圆石之间的缝隙填实。整平后，在池底部以纵横均约20cm的间隔铺钢筋，然后铺较粗的铁丝网。池壁面也同时使用钢筋。此时别忘记，为了避免水泥壁面和底部接点处漏水，需要加装L形区隔板（使用市售的塑料、金属、橡胶等制品即可）。池底部用的水泥要加防水剂。为便于以后的排水和清洁，池底部需要用镘刀修成一定的斜度。

浇注水泥后经过2~3天，再组合壁面的钢筋。壁面的钢筋上再组合横筋，横筋之间的间隔以约20cm较适当，但实际的间隔和钢筋的粗细，则依据水池的大小、深度等决定。完成钢筋的组合后，再依壁面厚度组合模框。同时也别忘记一并配置给排水、电气的配管。

浇注壁面的水泥也要添加防水剂，而且浇注时，要避免和先前浇注好的池底水泥连接处产生缝隙，为此壁面的顶部应稍向外侧倾斜。然后在壁面顶部摆放石块或植栽掩饰边缘。

5~6日后拆掉模框，回填外侧的土，在池内摆放石块。配置石块时别只顾及要掩饰水泥壁面，还要考虑石块的平衡感和自然感，而且也非单纯地摆放石块，还应该搭配能形成自然水景的素材，如草坪、水边草、低矮的树木、沙洲、木桩或石桩等来变化景色。完成石组配置后，再次涂抹水泥，稳固石块和底部的连接。

●垫高石块的方法（图③）

池塘较深时，可如图③加一级水泥台来垫高石块。水泥台的尺寸依据池塘大小决定。

无论使用哪种方法，完成组合石块后池塘即要注水，注水后观察是否会漏水、给排水设备的运行是否正常、石组景观是否生动等。然后将水排干，对出现的问题进行处理，并做细部修饰。

●池塘壁面和底部的修饰

要养鱼的话，放在水中的石块若有棱角的要用水泥修圆。若要饲养锦鲤等容易被声音惊吓乱窜，导致受伤、生病的鱼类，池塘底部必须用水泥抹平，让底部的污水能安静、顺畅地流出。

●池水的“去碱”法

刚完工的池塘若马上放水养鱼，水泥中的碱性物质会溶于水中害死鱼。可先放水浸泡，并养水浮莲一类水生植物一段时间；也可使用明矾或中和剂，短时间内即可去碱，然后再养鱼。另一种方法是涂抹防水漆，这样可以避免水泥中的碱性物质影响水质。

●池塘的给水

给水的方法分为在池塘边设置水管，直接注水，以及配管到瀑布口，让水从瀑布口流出。若想方便清洁池塘或短时间内注满水，采用前者为宜。至于到底要采用哪种方式注水要依据设计方案决定。

●池塘的排水

若地面较高，当然能一拔掉塞子就迅速排完水。不过也有水面和道路等高的情形。此时，请采用排水槽，使水注入下水道，或用水泵把水抽掉等方法。

排水管也不可或缺。假如因下雨等情况使池塘水量大增时，水便会自动流到池外面，由排水管排走。同时，为了避免排水管被树叶等阻塞，请在排水管口加装铁丝网。

■防漏水处理

前文提过建造池塘时采用的“袋打法”，亦即

大名庭院里的豪华水池与石组。瀑布、护岸、中岛的石块都是依据传统手法布置、组合而成。

图① 使用塑胶布的简易池塘施工法

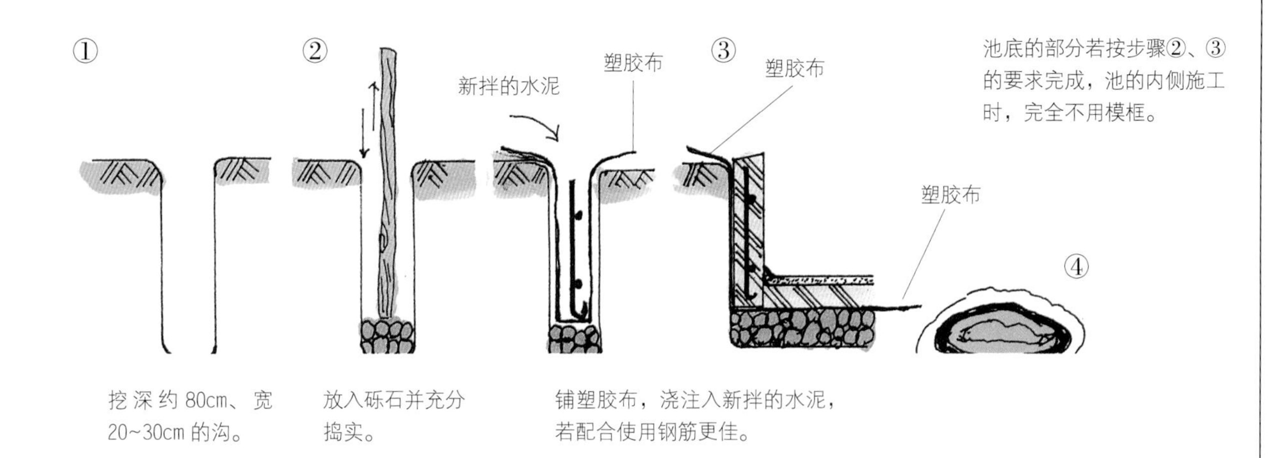

① 挖深约 80cm、宽 20~30cm 的沟。

② 放入砾石并充分捣实。

③ 铺塑胶布，浇注入新拌的水泥，若配合使用钢筋更佳。

图② 袋打法

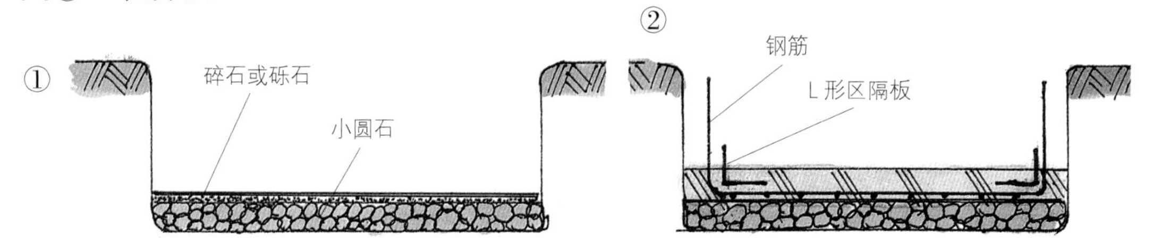

① 决定池塘的形状、大小，开挖后，底部铺小圆石，其上铺碎石或砾石并整平。

② 组合底部和壁面的钢筋，浇注水泥。接着装入L形区隔板，避免壁面和底部的连接处渗水。

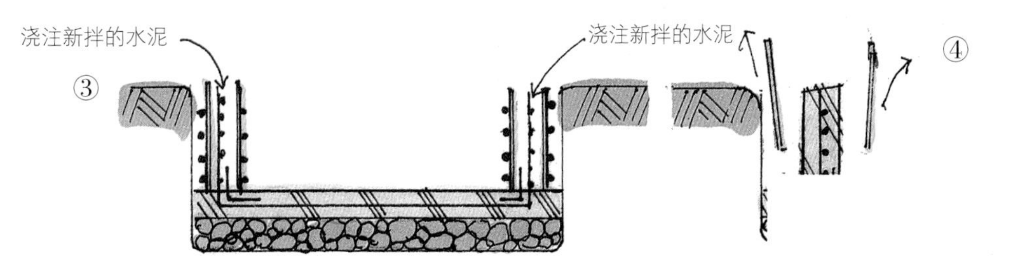

③ 在壁面的钢筋上配以横筋，再组合模框。浇注加防水剂的新拌水泥。

④ 搁置 5~6 天后拆掉模框。

⑤

填土

均匀涂抹水泥

把外侧的土回填，组合石块，石块之间或底部再使用水泥修饰。

图③ 垫高石块的方法

池塘底部施工完毕后，接着在底部制作水泥台，台上摆放石块，最后涂抹水泥装饰。

水泥拌好后，浇注入装有石块的“外框”中。这种方法几乎不用担心漏水问题。一般常用的方法是先把石块直接放在池塘底部，然后在底部浇注水泥，再用水泥修饰的方法。但若地面未做好填实作业就会漏水，因为经过一段时间后，石块就会因自身的重量而下沉，而冬季的霜冻又会推高石块下方的土壤，导致石块和水泥之间产生裂缝。

对池塘的首要要求就是不漏水。故建造池塘前必先调查用地的地面状况。若地面结实，只要在池底部铺小圆石并捣实，然后浇注水泥即可。若属于填土的地面，则要考虑地面下陷的可能，一旦施工不仔细，完工后的修补将接连不断，务必注意。

浇注水泥时最好加入防水剂。使用“袋打法”时，铺好石块后，修饰壁面、池底的水泥也要加防水剂。而且在石块和水泥的连接部分，更要注意施工。在排水时，会漏水的部位通常会呈现渗水状，很容易判断是否有漏水问题，因此在其周围涂抹大量水泥，或注入水泥就可解决此问题。

■防污处理

为了保持池塘的美观，首先要保证水不停流动，因为静水状态下水里马上会长出绿藻或水苔。另外，水面若一整天接触日照，水会变绿，故要植树来营造树荫。

池塘使用井水的话，要以少量多次的方式给水才不易污秽。使用自来水的话，最好利用水泵循环，使池塘流出的水经过过滤槽净化后，从瀑布口等引入池塘。虽然水泵或过滤槽的大小会因池塘大小、水量多寡而异，但容量大一些的较理想。

鱼池靠养鱼也能防止脏污，但请注意以下几点：养鱼的量别超过池塘的承受极限，饲料也避免给予太多。水质脏污的原因多半是饲料太多，鱼儿吃不完残存所致。

池塘的庭院

施工小技巧

●池塘水面要尽量看得见

池塘水面要尽量设计成能从室内观赏到，故别沿着池边排满石块，要有部分沙洲，让水面看起来更宽阔。

即使小池塘也要设法产生变大、变宽的感觉，可以在沙洲中点缀水草、小石头等，也可利用石块的组合来营造富有变化的景色。（设计／三桥一夫）

池塘是用来观赏的，故要边想象水面的景色、日照反射等情境边设计。（设计／三桥一夫）

流水造景庭院的设计与施工

“流水”分实际有水流出，和以石组、砾石为主，象征性表现流水的“枯流水”两种。要采用哪一种表现形式，可依据用地条件、造型和费用来做决定。

自古以来，“流水”就是日式庭院中为了营造某种气氛所使用的重要设计元素。使用水的庭院和不使用水的庭院比起来，感觉的确大不相同，整体庭院效果也较佳。因使用水制造瀑布、流水后，庭院会产生动感，充满了表情。水的表情包括水流动的模样、投影在水面的光和影、被风吹起的涟漪、水滴落的声音以及潺潺的水流声等，甚至不必直接用眼睛看，只听其声音就能感受到“清凉”。流水的美就是如此扣人心弦。缺乏水就无法带来这些感受。

■水的使用

滴落状——作瀑布，或从引水管流入水钵观赏其滴落用。

流动状——作引流水、流水用。

储存状——作池塘水、水钵水用。

喷出、涌出状——作喷泉、井围、涌泉等用。

这 4 种水的使用方式，可在设计中加以组合，或增添变化。

■庭院中的流水

现实中，我们该如何活用水呢？以住宅庭院而言，由于受到种种限制，难以拥有制造瀑布的完整设施，故可用小巧的瀑布和流水搭配。而且，流水不一定要从瀑布开始，从石块间涌出流水，或者把水钵的水连接成小水流，都是不错的构想。

流水会给庭院带来动感和表情。

■流向

流水分自然风流水和人工流水。西式庭院多以线条形式设计运河风的流水，也有利用直线水流搭配曲线造型的庭院。但以住宅庭院而言，富有柔美曲线的自然风流水较有稳重感，较能给人心灵的慰藉。

■流水的设计（图①）

●参考大自然的流水

设计流水时，与其翻阅众多书籍，不如前往附近的溪谷仔细观察，看着流水，把石块的情况和水流的样子大概勾勒下来或记在脑海里，就能基本掌握流水的特点。

自然界的流水是水从地下涌出后，形成细流后开始流动，慢慢随着斜坡的凹凸发展成激流，接着进入山谷成为溪流，离开山谷后成为平静的河流，最后流入大海。我们就是要把这样的自然景色和动感纳入庭院中。

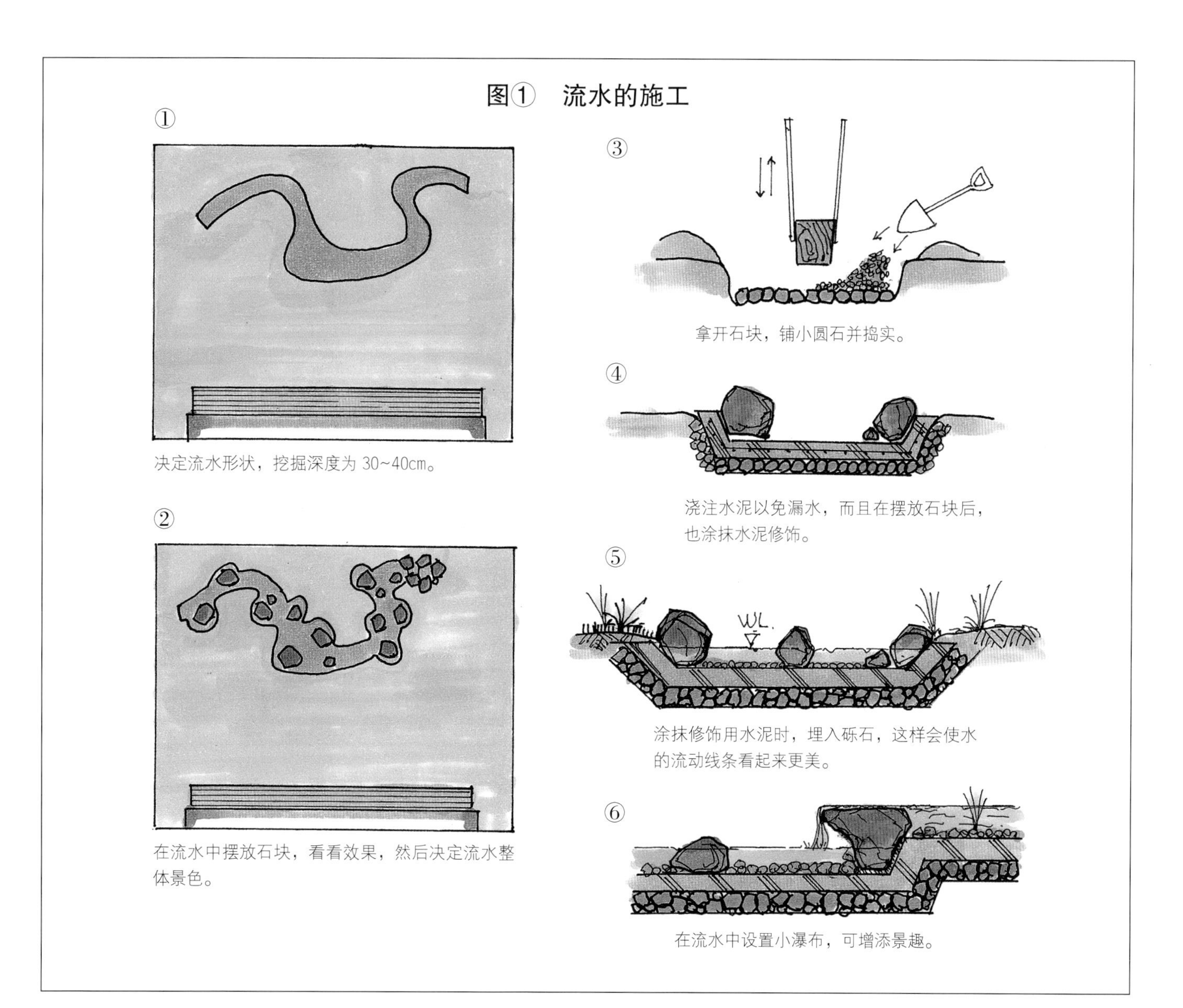

●创作有景深的景色

流水的上游和下游情况不同，感觉、趣味也不同。上游是岩石多、坡度大的溪流，下游是水量多、岩石少的原野河川。

这些全部要纳入庭院是相当困难的，但最重要的是流水必须有景深，所以应下工夫营造景深。为此，可以活用曲线，再以树木来营造景深，树木以杂木为最佳选择。

●用石块来营造跃动美感

石块别选择圆形的，有棱有角的不规则山石较容易营造表情。

石头在流水中有激起水花产生跃动感的效果。水不仅在流动，还有各种变化。

流水的上游宽度以 60~90cm，中游、下游以 100~150cm 为宜。上游多用石块，下游只在护岸处放置石块，其余配置植栽。

观察实际流水即可了解到，石块在水流中并非整齐排列，因为大雨引起的湍急水流会冲走石块下的砂，从而移动石块。故大家可以想象，石块会自然地以较重的那端朝向上游，这样流水的跃动美感中还蕴藏着一定的节奏，请大家务必仔细观察。

水的流动是需要落差的，但一般家庭难以制造落差，故想在几处制造小瀑布，让水流产生变化并不容易。其实流水经过的地面坡度有 3 ： 100 就足够了。只要水量较大，就能实现想要的效果。

●水的循环

居家庭院流水最好采用水循环装置，这样只要少量水即可。

为了欣赏水流动的风情，还需要在石块的配置和水底部下工夫。底部先铺上水泥，然后埋入砾石，为了尽量看不见水泥，可再铺上砾石，或者铺上小圆石修饰。如果砾石太大，水会从砾石下流走，水的流动感就不明显。接着在流水中摆放小石块，让水的流动产生变化。

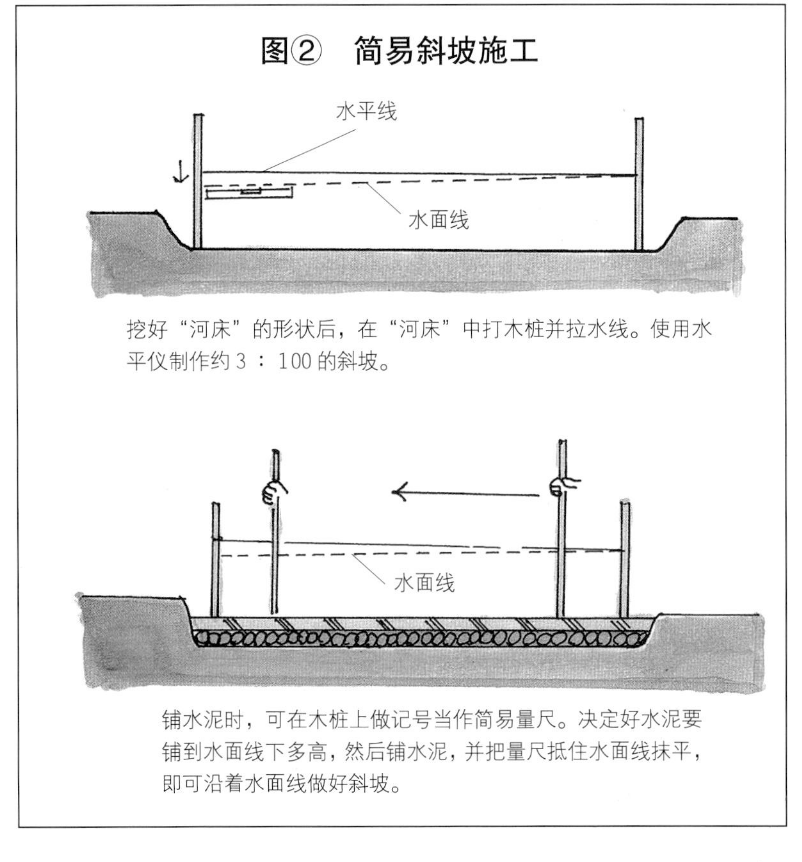

图② 简易斜坡施工

挖好“河床”的形状后，在“河床”中打木桩并拉水线。使用水平仪制作约 3 ： 100 的斜坡。

铺水泥时，可在木桩上做记号当作简易量尺。决定好水泥要铺到水面线下多高，然后铺水泥，并把量尺抵住水面线抹平，即可沿着水面线做好斜坡。

■流水的添景物

能装饰流水的有桥、飞石等，桥又有石桥、木桥、土桥等。但因居家庭院的流水不长，若在短流中设桥，会阻断流水的节奏性或植物连接性。如果执意设桥，不妨利用飞石方式处理，这样不会影响庭院景色。

另外，在流水中设置蹲踞，使之成为“流水蹲踞”也是个方法。为了弥补单调感，把蹲踞当作添景物也不错。

■流水的植栽

前面提过，流水和杂木树是最佳搭档。上游以栽种红叶类树为主，用杉树等作为背景。铺地草则采用蕨类、卷柏、橐吾、石菖蒲和马醉木等。

下游重点是设置石块，然后靠栽种铺地草遮蔽护岸的水泥。下游适用的铺地草有石菖蒲、马醉木、木贼、柃木、燕子花、菖蒲、斑叶麦门冬等。

如果植栽还无法遮掩护岸的话，可考虑设置阻水栅、木桩、蛇笼等。

由瀑布、流水、池塘所构成的庭院，要有实用和造景功能兼备的添景素材，如桥、飞石等（设计／吉河功）。

流水中，飞石比桥更能融入自然情境。飞石虽只是园路的一部分，但却极富观赏价值和节奏感。

流水的庭院

在庭院设置流水时，要注意和飞石、蹲踞融合成一体，这样流水就更有表情。

京都的直治作庭院，整体上能让人感受到一股悠闲气息。石板桥的高度设计得恰到好处。

为了能从室内或凉亭观赏到杂木林中的小溪流，把小溪流设计成如同从水钵中流下一样。（设计/三桥一夫）

施工小技巧

●雨停后的枯流

晴天时原本是没有水流动的枯流，可设计成下雨天时，雨水通过枯流进行排水，形成溪流的方式。

借由一点点的巧思来增加趣味性，是最值得推荐的。

从瀑布落下的水成为溪流，再形成池塘。瀑布的水源设置在造型强势的石组中。（设计/吉河功）

庭院里的流水以单纯明快的节奏，给人开朗、清爽的印象。

中庭的设计与施工

建造中庭要明确其建造目的，是为了从各房间都能欣赏庭院，或为了采光，或为了延伸起居室等使用空间等。

当然，这种庭院也需要配合建筑物风格而采用不同的建造方式，即需要对应日式、西式的建筑物，决定其建造方法和使用法。而且要想想，通过设计这类庭院能为生活增添什么乐趣，进而充分活用这类庭院，并设法将其融入生活。

日本京都民居中建造的中庭，是为了有效利用民居细长形的内部结构。在建筑物中间设置空间，其目的是优化采光和通风条件，同时也借此营造生活的宁静感。

■中庭的施工

●排水系统务必完善

建造中庭时，首要注意的是排水问题。虽然一般庭院也一样要注意排水，但因中庭和建筑物尤其接近，故对此更需要谨慎。排水若不畅，一旦下大雨，庭院就会被淹，景观将被破坏。

有时排水管需要埋在建筑物下面，所以在设计建筑物时必须一并考虑排水，同时别忘记配管。

●照明的有效利用

忙碌了一天回家，若能在庭院欣赏到灯光下的树影或草坪的绿色，疲惫的情绪必然能一扫而光。故建造庭院时，也别忽视夜景。

可以在庭院竖立庭院灯，或是巧妙活用聚光灯，靠改变其打光的位置让同一庭院呈现不同风情。庭院配上灯光和水声，绝对倍增乐趣。

从浴室可以眺望的庭院。空间虽小，却有在山路散步的幽静感觉。（设计/三桥一夫）

■中庭的植栽

会设立中庭的场所，多半日照条件不佳，因此能使用的植栽有所限制。不可使用高的树木，因为会遮蔽阳光。最好使用喜半日照及较低矮的植栽。如果缺乏足够的土壤栽种，活用盆栽也是好方法。这种把植栽作为装饰品，摆放一段时间就更换的方法，其实值得认真考虑。

尽量少种植树木，而且种的树木品种不宜多，以2~3种为宜，这样不仅清爽，也方便日后管理。地面覆盖圆沿阶草、紫金牛、富贵草等铺地草，剩余的部分则铺砾石、石块或瓷砖等，这样每天的管理就很轻松。

■中庭的添景物

中庭基本上和一般庭院没有两样，可根据实际需要设置石灯笼、庭院灯、雕塑、水钵等，但因场所有限，故要让一木、一草、一石都能展现洒脱感。如果太贪心，什么都想用，可能会使庭院变得杂乱无章。

■浴室前的中庭

浴室装大玻璃窗以营造开放感，是现今的趋势。能在自己家中边泡澡，边欣赏庭院的绿景，将是无比惬意。这种庭院的首要条件是能从浴室看到外部。因此，一般会采用相对较有柔和感的竹篱来遮掩，如采用建仁寺篱、御帘篱，以及更好的桂篱、竹篱等，都相当有风情。

施工时为了方便打扫，一般会加设出入口，但不要太明显。

中庭

虽是浴室前的中庭，但却没有区隔，使中庭拥有一览无遗的宽阔感。（设计／三桥一夫）

中庭看似静静立在玄关前，却让人感受到温馨气息。

从固定式玻璃窗眺望的正面中庭入口。利用铺石做重点装饰，同时也能使地面稳固。（设计／三桥一夫）

在铺白砂的空间栽种红山紫茎和皋月杜鹃。陶制的灯笼是装饰的重点。

巧妙配置石块，创造优美的造型，并以一棵树担任融合整体的角色。

以蹲踞为中心，红山紫茎、槭树、铺地草，共同营造出韵味十足的空间。（设计／三桥一夫）

由七块石头组成的石组。通过石组来营造空间的氛围和稳定性。（设计／吉河功）

以石灯笼为焦点，统合其他装饰物，形成三面通透的中庭。

拥有东方风格的中庭。流水的设置使人内心宁静平和。

在水泥砖墙上铺贴杉树皮，并活用竹子构成野趣庭院。松琴亭形灯笼作为装饰重点，典雅稳重。

黄金柏在西班牙风格的中庭中显得十分明亮，俯视也很漂亮。

在起居室前设置飞石、植栽、砾石、石灯笼等，营造出既实用又美观的庭院。

兼备通道作用的庭院，以铺石为主，成为新潮的町屋庭院。

茶庭的设计与施工

■茶道的变迁

介绍茶庭之前，要先稍微了解茶道的历史。

茶是在日本“奈良时代”从中国引进日本的。据说“镰仓时代”日本的僧侣之间就盛行饮茶，并在经常和僧侣接触的武士之间也开始流行。到了“足利时代”，这种习惯在武士中更加流行，而且趋向奢华化、游戏化。这个时代经常举办盛大茶会，日后的茶会型态也是从那时慢慢成型的。

后来又出现了不满“桃山时代”的豪华绚烂文化，反对这种奢华风潮，想创作草庵式恬静茶道的茶人。他们在简朴中追求恬静、幽雅的精神境界，使茶道从单纯的饮茶礼节，也成了一种精神修养的方式，并进一步成为该时代最高文化的象征。随着茶道的发展，茶庭和茶室的建造也逐渐发展起来。

■何谓茶庭

茶庭又称为“露地”，以佛教的说法是指“超越烦恼、俗尘的理想境界”。由于追求的是清静世界，故建造的茶庭，必须达到这样一种境界：犹如行走深山路径的感觉，让人在从露地步行到茶室途中，能完成喝茶的心理准备。

茶庭是前往茶室的空间，故要以实用为本，以方便使用为主要目的。为此，庭院设计师应对茶道有一定程度的了解。

飞石与延段所构成的线条，可以呈现带有品味的美感。

■茶庭的设计要点

茶道有许许多多的规则，这些规则是长久以来茶人精心研究的结果，并以方便使用为宗旨，规定茶庭的大小和建造方式。所以说，茶庭设计师、施工者也必须了解茶道的知识。

建造茶庭的要点很多，举例说明如下：

●踏石的配制

设置在茶室矮门前的踏石，其与茶室门的距离有所规定：约 8 寸（约 24cm）。比起一般住宅的踏石，这个距离较大一些。因为在进入茶室前，要使用水钵洗手，然后沿着飞石走到茶室矮门口，再蹲在踏石上拉开门。如果此距离太小，膝盖将无法充分弯曲，因此设计成客人能够蹲在踏石中央，能弯曲膝盖的距离，如此不仅容易进入茶室，门槛也刚好和膝等高。

●蹲踞周围的配（角）石

现今的住宅庭院中，蹲踞通常是为了添景而设，其实它是取材于茶庭的。蹲踞的周围有手烛石、汤桶石、前石等配石，各有其作用。

让人感受到沉着与稳重的茶趣。

前石是人们使用水钵时的垫脚石，所以通常是比飞石大且稳定的石块，并设置在较高的位置上。前石的中心到水钵的中心距离 75~84cm。这是站在前石上拿取水勺柄的最佳距离。

手烛（烛台）石是夜间进行茶道时，用来放置手烛的石块。为了摆放手烛，手烛石上要有平坦的部分，否则无法放置手烛。

汤桶石则是严冬喝茶时，用以摆放装热水的水桶的石块。由于水桶直径约 30cm，故汤桶石必须有能稳固摆放水桶的平坦表面。

至于手烛石、汤桶石摆放的方位会因茶道流派而异，不过汤桶石通常设在右侧，手烛石设在较低的位置。

●蹲踞周围的植栽配置

进行茶道时，客人会精心穿着，当然也会小心以免将衣服弄脏。例如在使用水钵时需要蹲下，若衣服接触到栽植就可能弄脏。设计住宅庭院时，虽可栽植铺地草，但在设计茶庭时则应慎重考虑铺地草的使用。

这些都是建造茶庭时必须考虑的，设计师务必了解并给予注意，否则建好的茶庭会无用武之地。

■茶庭的构成要素

●飞石

茶庭中常使用飞石，首要要求是方便行走。而露地内若布满飞石也无美感可言，故可以组合铺石、园路来获得变化，并搭配使用大、中、小的飞石营造节奏感。同时在茶室矮门口附近，与主通道距离 2~3 块飞石处设置“额见石”，这是客人观赏茶室匾额时站的石块。另外，为了人多时方便在飞石上行走，可设置“踏外石”。

●蹲踞（图①）

蹲踞一般距离茶室矮门口 10 步左右，是进入茶室前用来洗手、做心理准备的重要场所。因其处于露地中心，故每一组件最好使用优质品。

蹲踞的形式分为中钵和向钵。中钵以观赏水钵姿态为目的，也就是说水钵使用人工加工的具艺术感的石头打造。若使用自然石打造水钵，把漂亮那一侧朝向正面，就成了向钵形式。

配置方式是水钵朝正面，前石在其正对面，然后在前石右侧较高处设置汤桶石，左侧比汤桶石高的位置设置手烛石，水钵则要略低于前石。但汤桶石和手烛石的配置方向，也会因茶道流派而异。

●石灯笼

石灯笼用于庭院照明，设置在蹲踞或茶室矮门口旁边。和蹲踞一样，石灯笼最好选择外型简洁、材质上乘的种类。

除了实用性，从景趣角度考虑，蹲踞周围还是应设置石灯笼。设置的面向为原本使用的那侧，即把灯膛的点火口朝向蹲踞方向。若设置在飞石附近，则把点火口朝向踏脚石，照亮脚下位置。

至于要将石灯笼放在蹲踞的左右哪一侧，则先考虑和其配石的平衡，再根据实际情况，以整体造型的美观来决定。将石灯笼设置在露地时，则适合安排在树阴处，以隐隐约约的风情来展现露地景色。

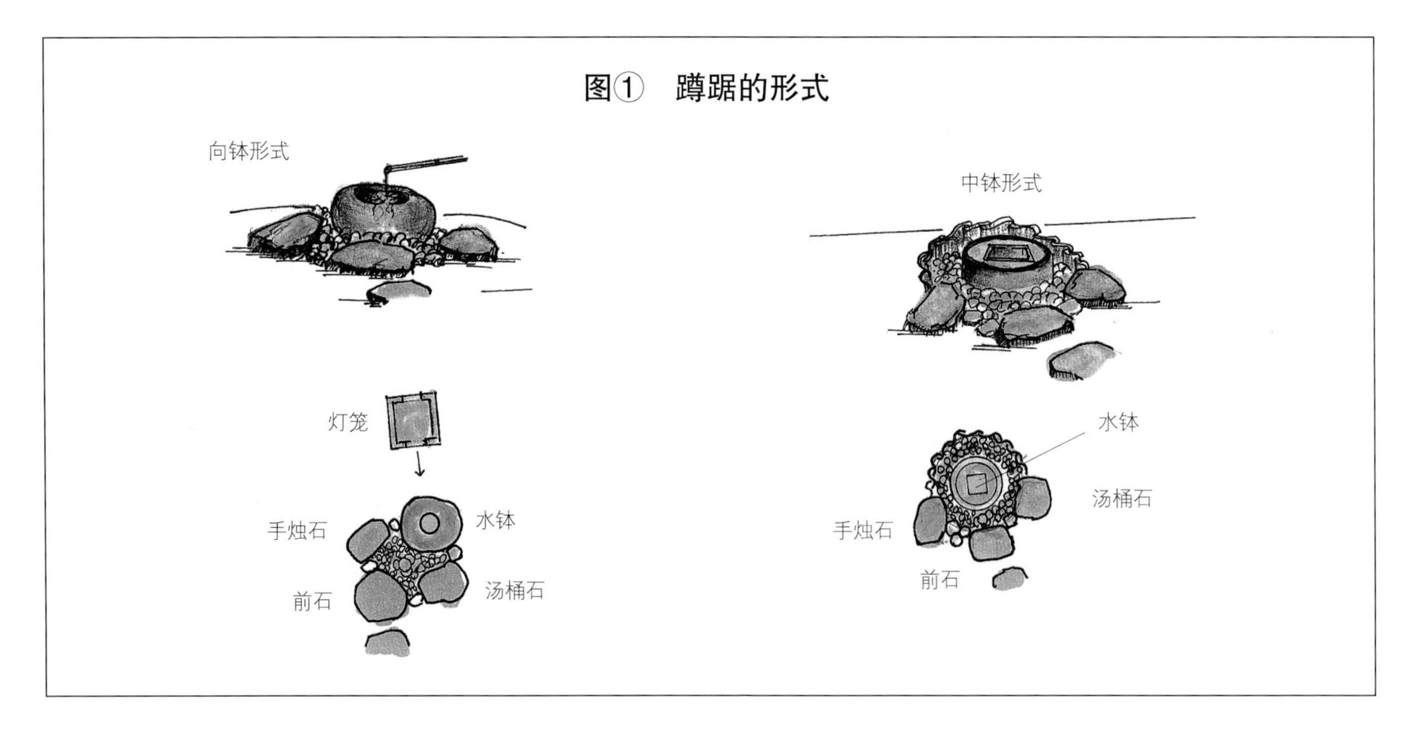

茶庭里的石灯笼，使用柚木形、西屋形、道明寺形、织部形、六地藏形等较适合，宜避免使用雕刻花纹多的自然石。

●尘穴

尘穴原是设置在茶室矮门口用来收纳落叶的洞，现在只是露地的装饰罢了。其形状很多，但用于茶道时，会因装入绿叶而增添趣味。

●竹篱

竹篱是露地不可或缺的元素，一般会在中门附近设置四目篱。茶庭用的竹篱，有的业主会使用有些坏损的竹子制作，呈现出古朴怀旧的味道。制作竹篱时，无论使用竹子还是圆木，切口都要利落、美观。这是施工者为业主展现的待客诚意，也可说是视觉上的“美感”。金阁寺篱、铁炮篱、光悦寺篱、建仁寺篱、大津篱、桂篱等都是茶庭常用的竹篱种类。

●雪隐

雪隐就是厕所，但现在却成露地景观之一。

●腰挂待合

此是“坐下等待”之意，可在此等待主人招呼。此处设置主客、次客等用的飞石或叠石。客人在等待时，可眺望露地，细细品味主人对庭院布置的用心。

●中门

中门是设置在露地内、外之间的门，是用来招呼、迎接客人的地方。简易型的中门使用柴扉。

■茶庭的植栽

前文提过，露地要有如行走山路的风情才好，所以尽量避免在露地栽种过于鲜艳的花木。另外，要点香的场合不要种植香味强的花。

茶庭常用的树木、园草、地被植物如下：

常绿树——赤松、柳杉、榧、米槠、竹类、桧木、花柏、杉、野山茶、茶梅、厚皮香。

落叶树——小枹、姬桫椤、山红叶、桫椤、四照花、山栌、山樱树等。

园草类——紫萼、吉祥草、蝴蝶花、紫金牛、富贵草、春兰、六月菊、金线草、石竹、鸢尾、耧斗菜、箬竹类、杨桐、马醉木、蕨类等。

地被类——杉苔、地苔等。

■建造茶庭的注意事项

背景的竹篱发挥添景效果，能使人感受淳朴的气氛。

前文提过，茶庭在建造上有一定的规则，其实建造茶庭应根据实际情况，结合自己喜好下工夫，展现自我风格。

茶道是主人热心待客、客人诚心感谢，一起喝茶的过程。而茶庭是进行茶道之前，稳定心神做好准备的场所。

故建造茶庭时，自己首先要对茶道有所了解。可以参观现在知名的茶庭，实地看看，或者测量尺寸、了解使用实况。茶室或蹲踞的位置千差万别，究竟要如何安排，请实际观察后再做决定。同时多欣赏一些经典的蹲踞或石灯笼等的石造艺术品，培养自己的审美能力。

腰挂待合附近的风情。进入茶室前，可坐在这里平和心境，品味庭院乐趣。

■茶庭的应用

现在我们所见到的庭院，不少都采用了许多茶庭的构成元素，如飞石、石灯笼、蹲踞、竹篱等。这些从茶庭发展而来的元素，已普遍存在于现代的住宅庭院里。把茶庭应用在现代生活中，未必要固守传统。

例如蹲踞周围需要配石、石灯笼、水钵构成一景，而现在可以此为基础，省略手烛石、汤桶石，改用人工切石，设计成具有现代感的样式。如何把茶庭风味融入个人生活，也成为庭院造景的课题。

■何谓茶庭的恬静、幽雅

建造庭院时，是否考虑到建好后能充分感受和理解茶庭的恬静、幽雅呢？

日本武家茶道前辈片桐石州说：“人工的恬静并非恬静，天作的恬静才是真正的恬静。”然而，也非天然的就能构成恬静感，还需要借由造园者或茶人的创意手法才能达到，只是手法必须含蓄不夸张。所以这里所说的“天作恬静”，其实是指设计师与施工者以自然的手法创作的恬静风情。

茶庭

茶室矮门口前的景色。美丽又实用才是好的露地，呈现回味悠长又有趣的格调。（设计／三桥一夫）

考究的素材散发着独特的风味，庭院一年四季的景色变化，增添茶道的乐趣。

喝一碗茶之前，先欣赏茶庭，这是由枫树、松树、青苔等构成的景观。

使用方便的蹲踞，厚重有趣的水钵设置在茶庭的中心。

客人到达茶室矮门之前，带着接受主人招待的兴奋心情，边环顾四周，边在露地行走。

四周环绕高的树木，给人明亮印象的茶庭。

为了缓和访客的心情，把从门到玄关的通道设计成露地的样子。
（设计/三桥一夫）

使用在露地的一种小门，即竹制的上扬式的小门。使用柴扉的例子也很常见。

门周围景观的设计与施工

■门的位置要设在何处

门的方位会依建筑用地或建筑物的不同而不同。可从道路直接进门，但感觉并不好。从道路进入场地之后，再到达门的方式不仅让人感觉较为从容，也较方便出入。门周围常常是寒暄场地，故尽可能在有限范围内挪出更多空间。

门是住宅的一部分，更是居家景观的重要元素。走到玄关之前，若能边在通道上走边慢慢欣赏庭院则是最理想的状态，但目前的住宅却难以办到。

需要注意的是，门和玄关要避免在一条直线上。打开玄关时从门直接看到屋内是种禁忌。因此，设计上可采用植栽等来美化通道。若缺乏这样的空间，可以把门配置在和玄关形成L形的两端位置上。具体的例子参考96页的通道设计图②。另外也别忽略停车的场所，要以兼顾方便停车的方式决定门的位置。

总之，决定门的位置时要考虑以下几点：和建筑物及周围环境取得协调；有良好的通风和日照；使用方便。除此之外还需要注意的是，与邻地及道路的边界问题。边界确认之后，再开始施工，否则后续会产生许多令人不愉快的纠纷。

■门的款式

门有多种风格、款式。虽然最近的住宅多半倾向西式风格，但成本高又不易建造的日式建筑物，其强势人气却依然不减。

一般住宅常使用的是茶室门。现在有能在现场组装的木制产品，也有铝制的现成产品，若不喜欢太华丽的，可以用质朴的素材来表现日式风格。不同风格的实例参照图①。

■门周围的景观素材

构成门的材料分日式、西式两种。

日式的材料有：切石、自然石、地面铺材（铺石、瓷砖、刮纹彩色水泥涂料）、木料等。

西式的材料有：水泥砖、红砖、水泥、瓷砖、涂料等。

至于决定使用哪一种素材，首先是要搭配建筑物风格和外观，其次是考虑费用的问题。材料并非价格越高就越高级，最重要的还是和建筑物搭配得宜。最近虽推出众多新材料，但也要确认其耐用度。想马上采用新产品的心态并不一定好，或许有些厂商的产品还处于试验阶段，要慎重选择。

■门周围的植栽、添景物

门周围的植栽，若比门高大，那么景观上、外型上都不太协调，应采用能衬托门的植栽。可能的话，可采用和内侧植栽相近的素材。

有些门内摆放景观石等大物品，这不一定是上乘之作，应将门周围的添景物视为通道的一部分来思考。如果门外设置花坛或植栽槽，则应配合门的款式设置路标般的简单石造物或照明的路灯为宜。

施工小技巧

●门并非必要品

在欧美的住宅区，常可见到前庭宽大，没有门的住宅。如果缺乏装门的空间时，与其勉强装置而产生拥挤感，不如不设门，可活用楼梯、花坛，增添明亮感。

图① 不同素材形成的门周围变化

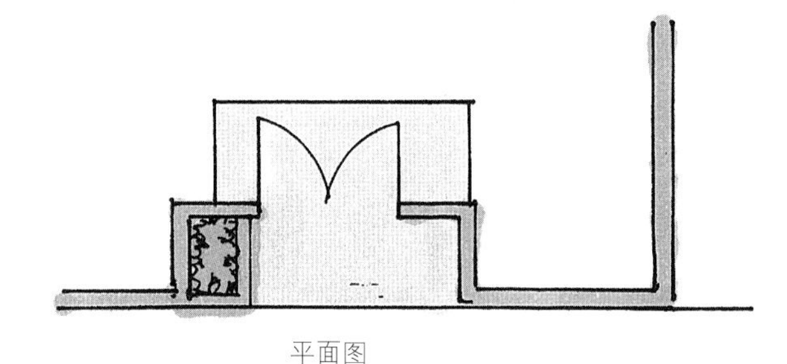

平面图

以不同的素材来设计日式、西式风格的门周围景观，设计的关键是要与建筑物的风格相契合。

日式风格的例子

墙壁用水泥砖砌成，墙面粉刷刮纹彩色水泥涂料，上面盖瓦，墙根和地面则铺铁平石。

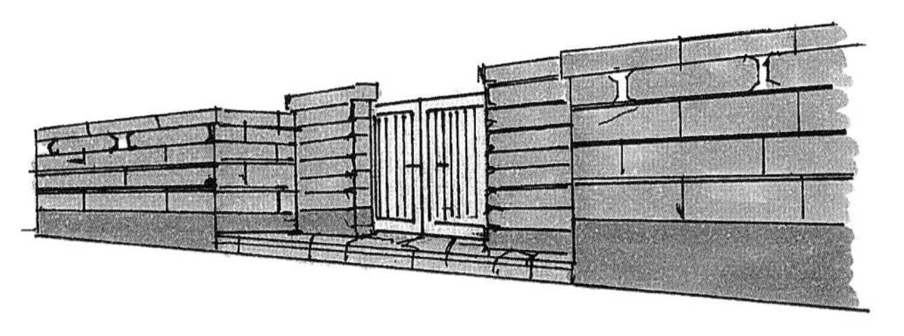

墙壁砌装饰水泥砖，门柱使用平门柱，地面则铺铁平石。

墙壁采用水泥砖砌成，墙面粉刷刮纹彩色水泥涂料，地面铺不规则石块。

西式风格的例子

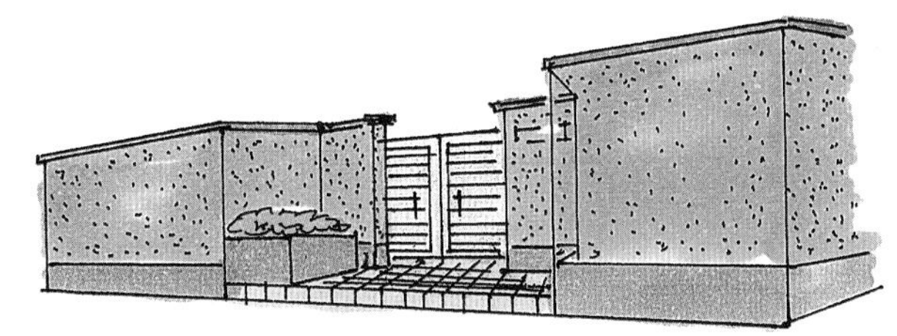

墙根处砌水泥砖，墙面喷涂料，地面铺瓷砖。

墙壁用水泥砖砌成，墙面铺瓷砖修饰，门扉用铝铸成，有厚重感。

墙壁用小块的铁平石或青石砌成，地面则铺方形的铁平石。

用石砌的围墙表现厚重感，令人期待玄关之后的庭院。
（设计 / 横山英悦）

地方色彩浓厚的大门，左侧设置车库，地面铺大块的铁平石。（设计 / 三桥一夫）

从茶室门看通道的情形。在车库壁面设置竹篱，有统合景观、提升格调的效果。
（设计 / 三桥一夫）

门前的柳杉呼应着庭中的柳杉，有效地让景色从内延伸到外。（设计 / 三桥一夫）

给人以清爽感的门周围。红叶、青枫最适合表现茶室的风情。（设计 / 三桥一夫）

质感十足的门搭配用石灰粉刷的围墙，再用庭石、植栽点缀，构成门前景观。（设计 / 三桥一夫）

华丽又宽大的茶室门直木纹，和建筑物屋檐线条相重叠，非常美丽，也别具风格。（设计 / 三桥一夫）

通道的设计与施工

从门到玄关要经过通道。对庭院设计师来说，通道的意义和主庭不同，如何能在狭小的空间展露自己风格，往往需要煞费苦心。完成后的通道景观将成为屋主品位的代表。

建造通道的首要要求就是和建筑物取得协调，为此务必了解建筑物的风格，并努力加以衬托，让客人能边观赏通道风景，边被引导到玄关。

■通道的形式

通道的形式要能表现景深。虽然其形式会受到建筑用地、建筑物的影响，但从门到达玄关为一条直线的形式最乏味，因此应边营造景深，边发挥通道的作用。

从通道到玄关的距离、高低差，多种多样，但最重要的是别忘记实用性，即行走要方便。若只注重形式而忽略其原始功能，就本末倒置了。

台阶理想的高度约 18cm，踏面宽为 30~40cm。这样的尺寸使各台阶落差不大，故能边走边观赏景色。

■通道的装饰

地面的装饰必须牢固，而且还要方便打扫。可采用如下方式与素材装修通道：

铺砾石（锈色砾石、白色砾石等），

铺砖（红砖、瓷砖等），

铺石（花岗石、玉石等），

贴石（铁平石、丹波石、玄昌石等），

铺砌石（丹波石、木曾石、小圆石等），

铺木制砖、瓦、碎石子。

有访客时，为方便迅速打扫，应在通道内设置水龙头和排水设备。

■通道的植栽

能栽种在通道两边的植物并无限制，但因通道多半狭小，故种植矮的树木比种植高的树木适宜。种矮树木时，可种植较多的量。但树种不宜多，以 1~2 种为好，这样完成后的景观较为清爽宜人。

一般玄关的日照条件都较差，故使用

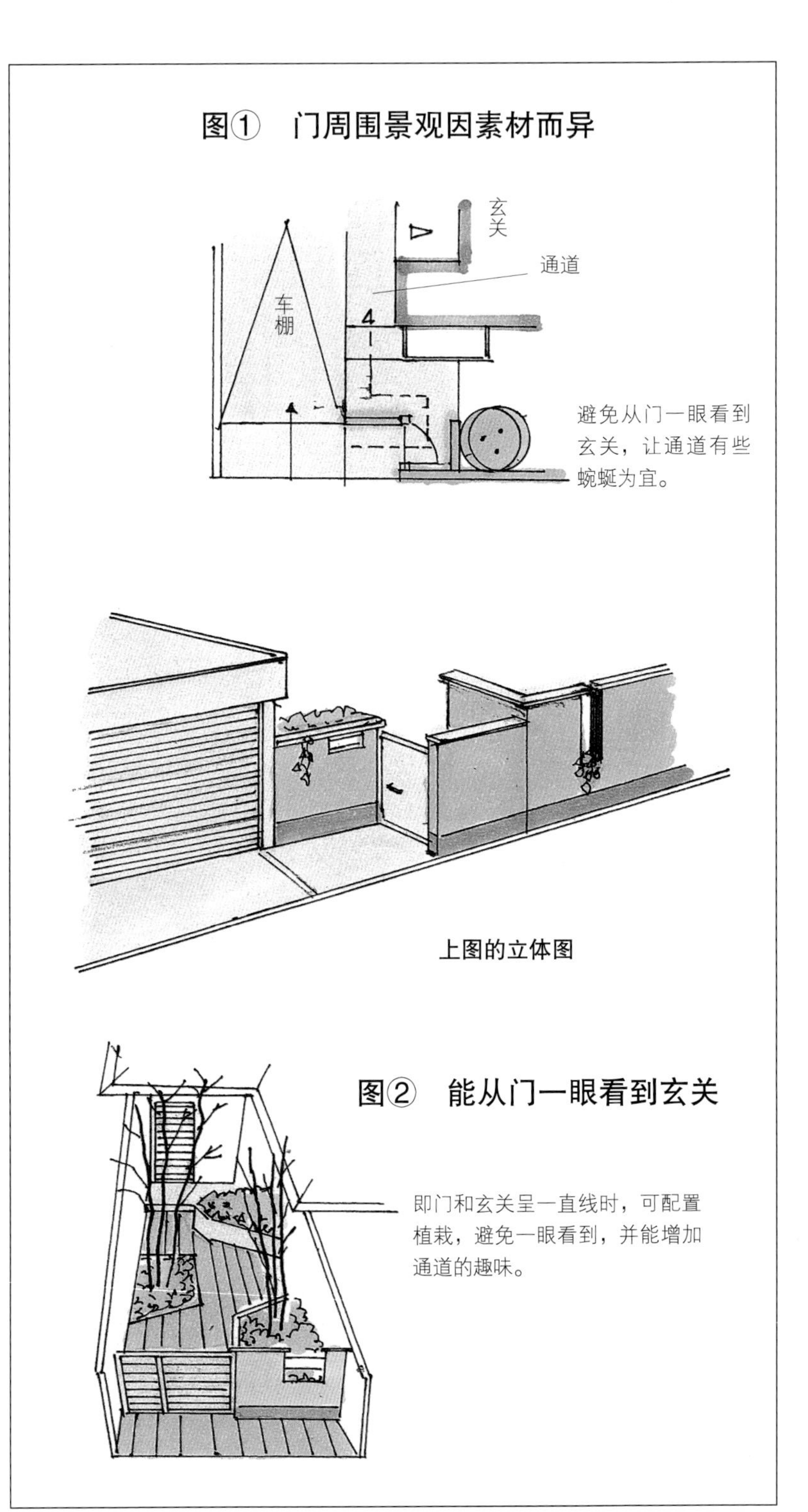

图① 门周围景观因素材而异

上图的立体图

图② 能从门一眼看到玄关

的树要偏向喜阴的品种。

常使用在通道两边植栽的有桃叶珊瑚木、柃木、马醉木、枸骨、南天竹、车轮梅、八角金盘、箬竹、紫金牛、圆沿阶草，蕨类及杂木类等。

■通道的添景物

从门到玄关之间的通道，可设置如下的添景物：

●石灯笼、庭院灯

石灯笼别太大，能自然摆放在树阴下即可。其形状依个人喜好而定，但以装饰少、简洁利落的为宜。装饰或雕刻花纹多的种类，显得繁琐拖沓，请尽量避免使用。

实用型的石灯笼就等同庭院灯，其款式较多，可配合建筑物进行选择。

庭院灯选用时重点在于高度，要和其他素材高度平衡，并尽量矮些，避免让庭院灯过度醒目。

●水钵、井筒

在通道角落设置水钵、井筒，能起到点缀的作用，一般住宅采用简易的款式就足够了，若有流水则效果更佳。

●其他的石造艺术品

若想打造西式风格，可用雕塑、纪念物、优美的花钵等；打造日式风格，则可用层塔、石佛、路标等。景石、花坛也可视为添景物。巧妙配置以上的添景物，可以把通道布置出独特的个性。

施工小技巧

●通道的自来水设备

通道内的自来水水龙头柱采用直立式水泥柱为宜，同时可利用植物巧妙掩饰。若是隐藏在地下的洒水栓，在收拾水管或排水时就不方便。另外，为了避免洒水或排水时土壤流失，应做好地面的固土作业。

图③　通道和车棚并列时

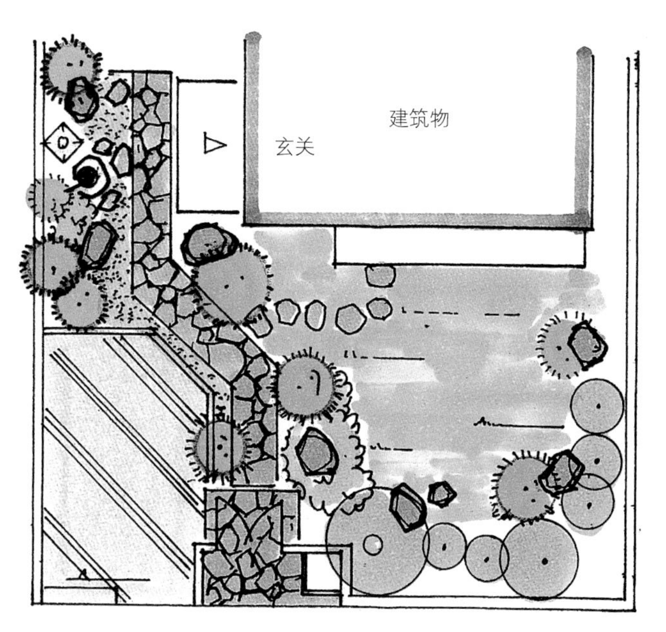

通道和车棚并列时，别把车棚兼当大门用，必须另外设置才能提升住宅格调。

图④　通道和车棚分开时

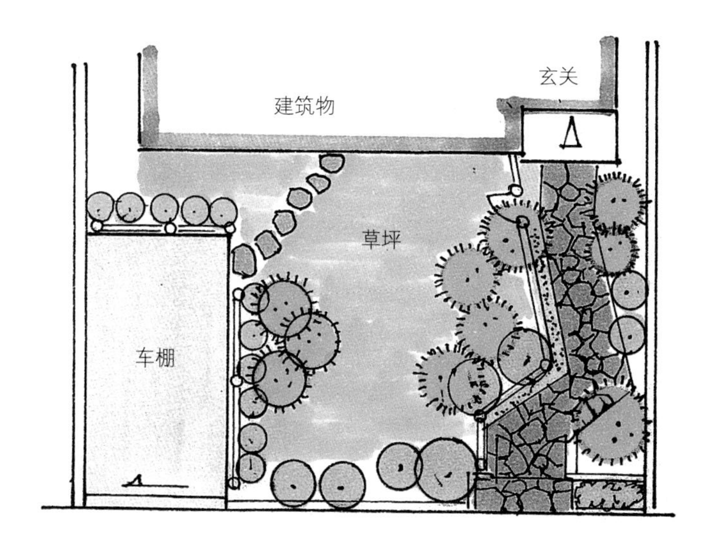

通道

改造后的通道，在既存的铺石边加边缘石，营造格式感。通道两侧用青枫、山葵营造清爽感。（设计／三桥一夫）

通道从大门延续到玄关，巧妙地处理高低差。洗石子通道上点缀花岗石，旁边铺锈色砾石（设计／三桥一夫）

地面铺装大块花岗岩的通道，虽然狭窄，但处处是风景。（设计／三桥一夫）

门的正面两侧布置景石，阶梯旁设置水钵。夜间的照明也很美，形成趣味性十足的庭院。（设计／三桥一夫）

从玄关眺望门的景象。住宅的庭院，景色和实用性取得协调是非常重要的。（设计／三桥一夫）

和玄关搭配得宜的通道，不同的季节会流露出不同表情与趣味。
（设计／三桥一夫）

“流水”从大块花岗岩和丹波石建造的通道下流过，使人充满嬉游之心。（设计／三桥一夫）

从通道右转才能到达玄关。围墙地面用砌石统合，然后配置植栽，水钵成为美丽的添景物。（设计／三桥一夫）

以用心施工的贴石为重点，其和树木、铺地草、竹篱等构成和谐的整体。
（设计／三桥一夫）

通道的魅力在于让人怀着期待从门口走到室内深处，故要在重点处设置庭院灯或石灯笼等添景物。

车棚的设计与施工

车棚的设计会因用地条件，如宽度、与马路的高低差、玄关位置等的不同而千差万别。对于现代家居而言，车棚是不可或缺的。至于建造怎样的车棚，则应考虑用地情况及建筑物的情况而定。虽有因用地窄小而把车棚兼当大门用的情形，但最好还是把车棚和大门分开设置。这对提升住宅格调有较大的作用。

车棚和大门难以分开设置时，则要研究恰当的组合方式。例如可把车棚的折叠式拉门兼当大门用，但这种设计不太美观。可以考虑把门设在较内侧，但在款式和材质上需要多加考虑。

■车棚的设置方式

前文提过，如何设置车棚会因用地情况、建筑物状况而异。若玄关在北侧，那么通道到玄关之间会缺乏足够的距离，导致建筑物和车棚连在一起。故为了避免车子撞到建筑物，要有挡车设施，同时为了避免汽车排气熏黑外墙，可采用水泥砖外墙。若玄关在南侧，由于会削减庭院的一部分，因此必须妥善规划，尽量避免浪费空间。

■车棚的大小

目前一般车棚的尺寸是门宽 3m、纵深 5.5~6m，但因前面道路的宽度不同而异，如果前面道路狭窄，门就需加宽（图②）。空间许可的话，也需设置自行车的置放场所。

车棚和道路平行设置时，门宽需 7m，纵深 2.5m，这样的设计占地面积不大但却有开放感。依据建筑物风格，也有不设置门的例子。（图③）

若用地和道路有高低差，为了方便车子出入务必设法降低车棚地面高度，施工上将费钱又费事，故在建筑规划的同时，也要顾及车棚的规划。

■设计车棚应注意的事项

站在实际施工的立场，希望建筑设计师务必注意的一点是，车棚设置是不可或缺的现实问题，要连同建筑物一起规划，并根据实际需要进行配线、配管。若没有这样的规划，到了想设置车棚的阶段，就会发生必须移动排水槽、自来水管等的麻烦事。何况，考虑周详一些也能帮业主减少支出。

另一个考虑重点是车棚并非随时有车停放，故还要顾及没车时如何和建筑物外观取得协调。通常车棚和玄关、通道连接，故这些地方应有共通的部分，避免将玄关和车棚做单纯区隔。例如在车棚和通道的某部分，使用和玄关相同的瓷砖等来营造一体感，或者连接露台等，这些都值得考虑。

车棚的门一般使用折叠式拉门，这种横拉形式的门不会占地，且使用十分便利。但用地局限时，车棚也可拉链条，或干脆为开放式。若想设置推门，则要朝道路侧推开，那么就必须尽量减少门片的宽度。车子进出的时间虽然短暂，但仍要留意门的开闭，以免妨碍交通。

图① 住宅的门和车棚的门分开设置的例子（单位 mm）

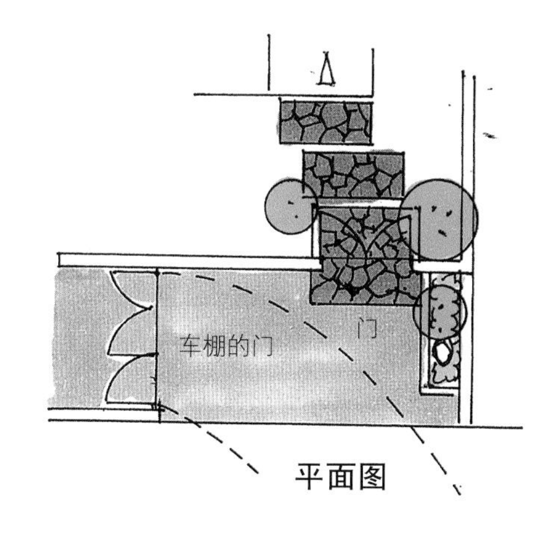

图② 一般的车棚空间

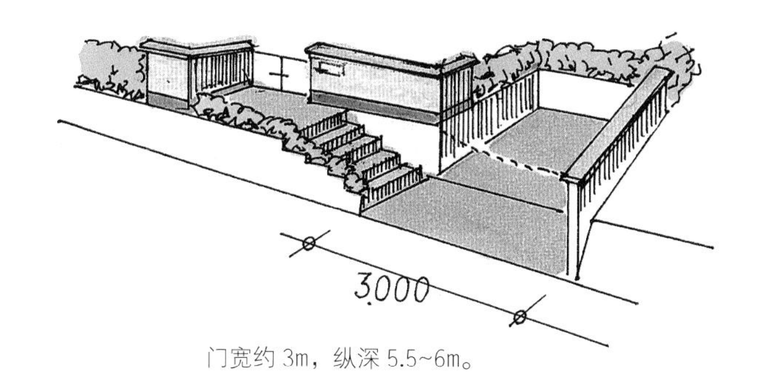

门宽约 3m，纵深 5.5~6m。

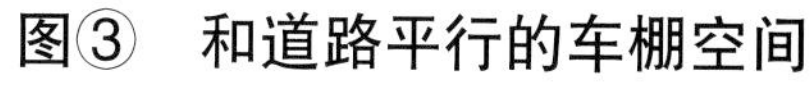

图③ 和道路平行的车棚空间

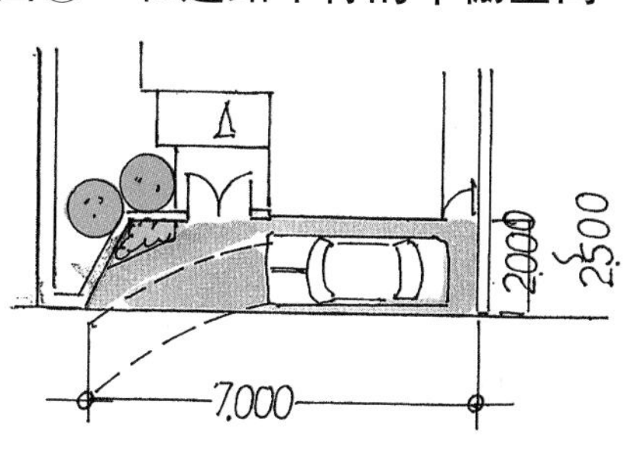

门宽约 7m，纵深 2~2.5m。

图④ 车棚兼通道的例子

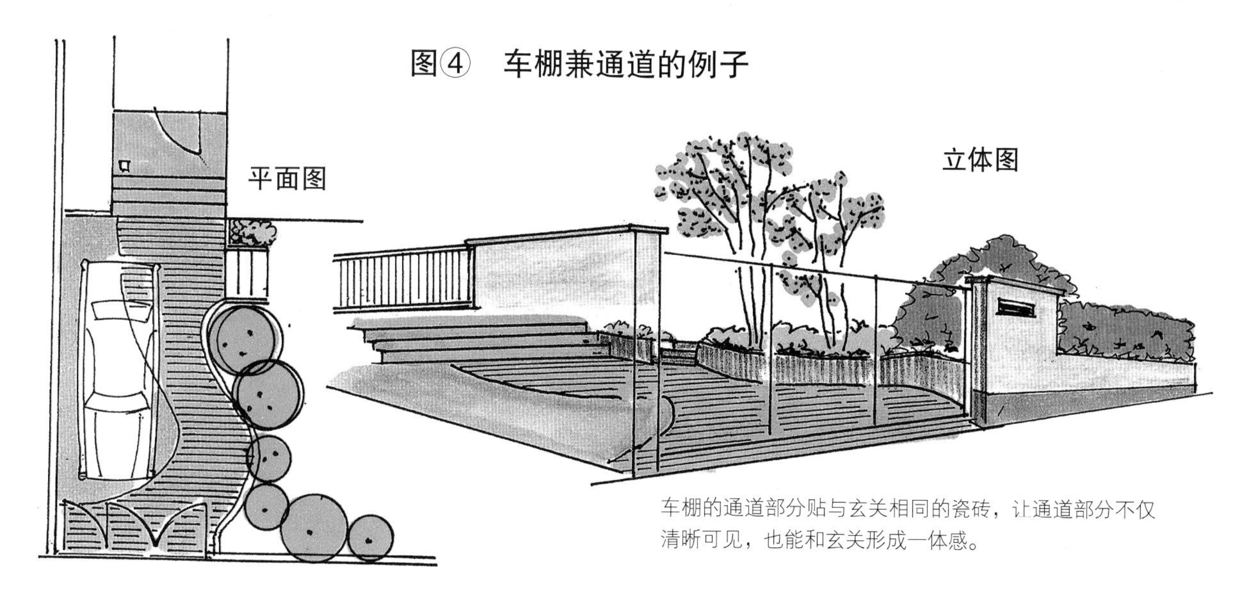

车棚的通道部分贴与玄关相同的瓷砖，让通道部分不仅清晰可见，也能和玄关形成一体感。

图⑤ 和道路有高低差的车棚

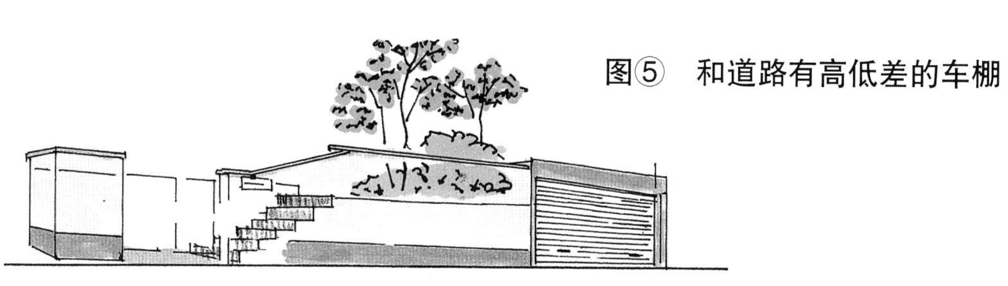

若车棚和道路高低差有 1~2m，甚至更大，则施工规模较大，必须考虑是否会影响到邻居。

车棚

建筑物的组成元素都以日式风格统合。车库入口和门的款式相统一，营造出宽阔感。

和建筑物一体化、造型时髦的车棚非常漂亮，功能性也十分优越。

停车空间不充裕时，车棚可设计成兼当通道的方式。
（设计/三桥一夫）

可看出施工者施工技巧的砌石，有一股强大的气势，同时也展露出业主的高度审美感。

现在家庭用车数量在增多，为了确保停车空间，设计什么款式的车棚已成了重要课题。（设计/三桥一夫）

在有限的条件下，无论门、墙，还是车棚，都在功能上、造型上呈现出清爽美感。

将用地一角设计成开放式车棚空间。地面散落铺的大谷石为装饰重点。栽植的是棒状橡树。（设计 / 三桥一夫）

充分活用用地，考虑能多放几部车的设计，其整体外观有统合感。

屋顶庭院的设计与施工

随着社会经济的发展，城市的规模越来越大，高楼大厦林立，空调大量使用，道路上行驶着大量的汽车……污染增加，气温上升，引起“热岛”效应。

■大厦屋顶的绿化

为了减少城市污染，降低“热岛”效应，可充分利用城市大厦屋顶进行绿化。为了实现屋顶绿化，已有众多机关、企业正着手研究、开发屋顶绿化技术、素材以及可种植的植物等，等实际应用大面积推广后，城市绿化面积将大幅增加。

大厦屋顶绿化后有如下的效果：

①降低室内温度

在屋顶铺草皮，配置植栽，夏季室内温度约可降低3℃。这样可减少空调使用量，从而节省能源，同时减少空调向周边排出的热量。

②净化空气

屋顶的植物会吸收空气中的二氧化碳和氮气等有害物质，从而起到净化空气的作用。

③保护建筑物

屋顶上的植物可防止紫外线、酸雨等对屋顶建材的老化、腐蚀等作用，起到保护建筑物的作用。

①降低噪音

植物会吸收噪声。如果除了屋顶，壁面也一并绿化的话，将能创造更优美、安静的环境。这种立体绿化最适用于医院、学校、办公楼等的建筑物。

成为休憩场所

观赏绿色植物会带给人精神安定感，使人获得放松、缓解压力，因此绿化后的屋顶可成为休憩场所。

图①　使用专用托盘的屋顶绿化

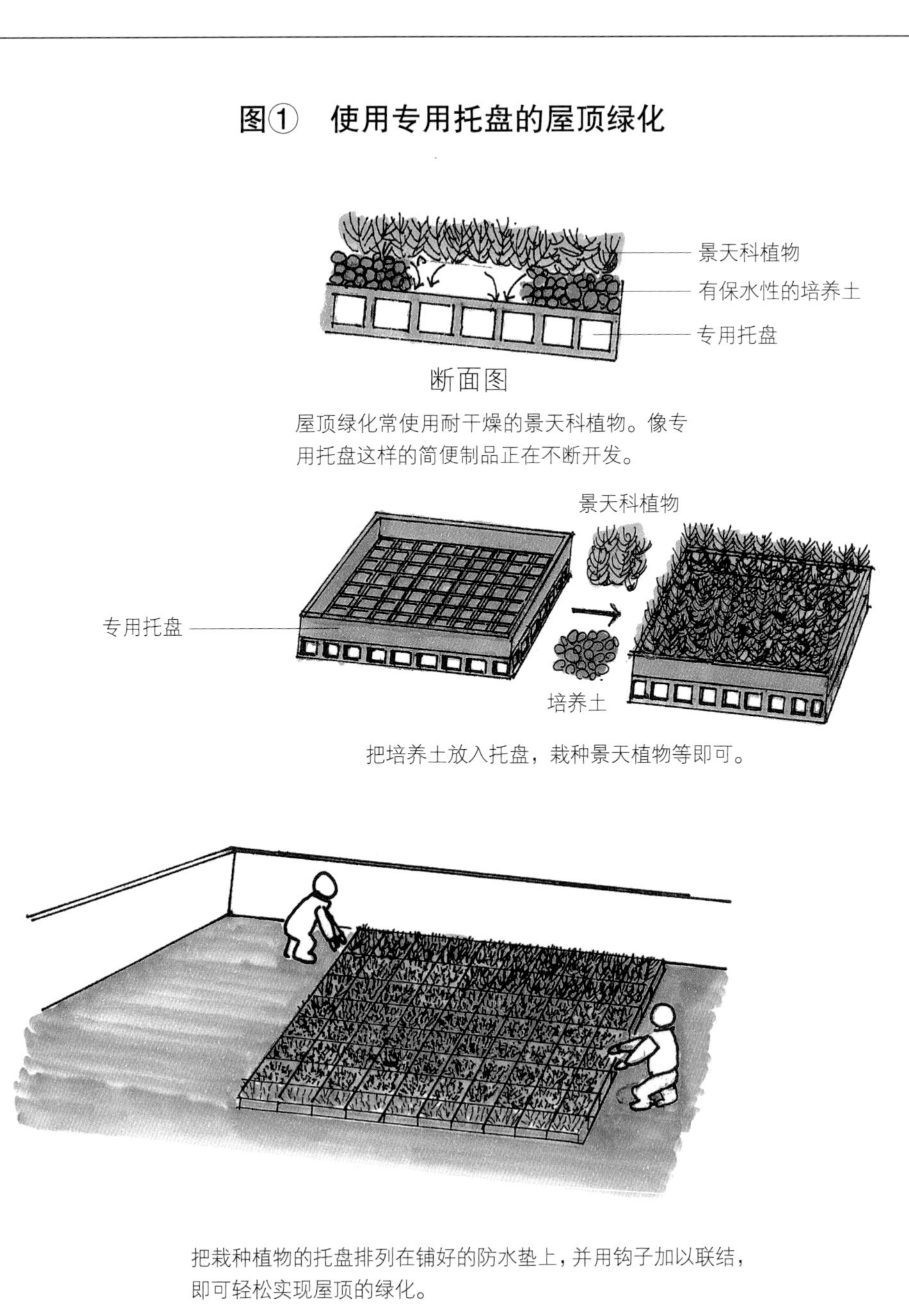

屋顶绿化常使用耐干燥的景天科植物。像专用托盘这样的简便制品正在不断开发。

把培养土放入托盘，栽种景天植物等即可。

把栽种植物的托盘排列在铺好的防水垫上，并用钩子加以联结，即可轻松实现屋顶的绿化。

■适合屋顶庭院的植物（图①、图②）

屋顶的光线充足，有益植物生长，但植物也容易受风影响而使水分蒸发过快，故要选择较耐干燥的植物。常用的有地被植物的草坪草、圆沿阶草，以及和仙人掌同属多肉植物的景天科植物等。

随着技术的进步，已开发出优质的人工土壤，连高大树木也可用其栽种。但选用树木时，仍须谨慎小心，像怕强烈日照的桫椤、花瑞木等要避免栽种，马醉木、瑞香等喜阴树也不宜栽种。

现在有许多企业正在进行屋顶绿化的技术和商品的开发。如图①的托盘就可轻松配合景天科植物进行绿化。先在专用托盘里铺火山砾等轻量土壤，栽植景天，然后将其排列在防水垫上，并用钩子联结，即可实现屋顶的全面绿化。此系统因技术简单，故具有能在短时间内绿化屋顶的优点。

■屋顶庭院的设计要和建筑规划并行

设计屋顶庭院有如下两种情况：一种是和建筑规划并行设计屋顶庭院，进而考虑屋顶负荷、排水、防水、浇水等问题；另一种是由于楼房已盖好，只是屋顶上有空间，才想建造屋顶庭院。后者的状况，对庭院设计师来说是非常麻烦的，但现实中却多半是这样的例子。故业主若有在屋顶设置绿地的计划，务必在建筑规划的阶段，就邀请庭院设计师参与，以免日后发生各种状况，或者担心出现漏水的问题。

■屋顶庭院的负荷对策（图③、图④）

屋顶庭院的建造，当然和平地庭院建造不同。同样使用石块、土植栽等，会受建筑物条件限制，如植栽和盛土量与屋顶的允许负荷情况有密切关系。例如栽植草坪或五月杜鹃，土层以厚约 30cm 为限，这时候的屋顶负荷需要 $500kg/m^2$。而栽植高的树木等时，土层厚需要 50~60cm，这时候屋顶负荷需要 $1000kg/m^2$。

虽然结构梁较多的，承载的能力较强，可是建筑物有

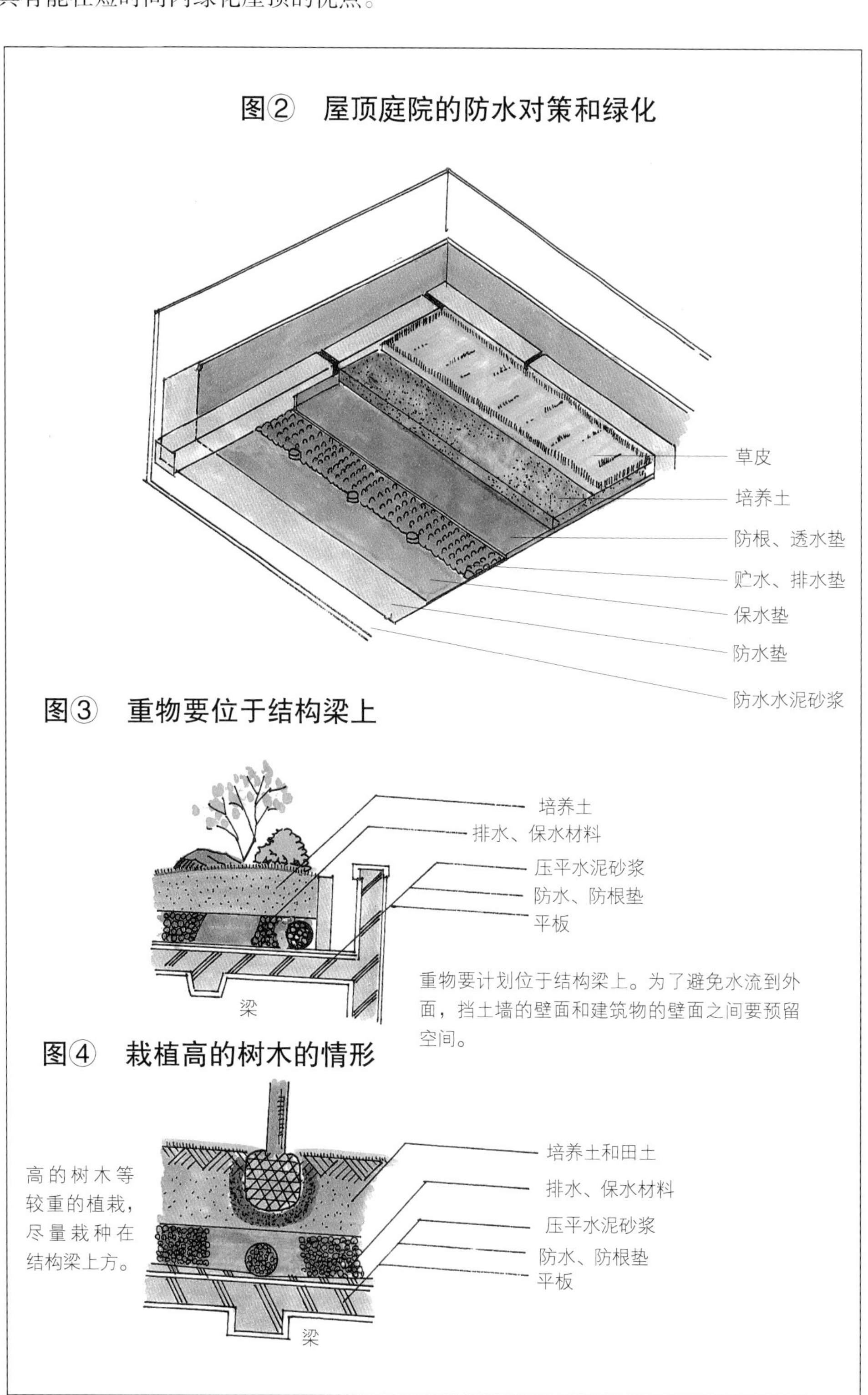

图② 屋顶庭院的防水对策和绿化

图③ 重物要位于结构梁上

图④ 栽植高的树木的情形

其建造规范，不可能为此采用更多的结构梁。若想减轻负荷，可减少用土量，或土里混合多孔的土壤改良剂。这种土壤改良剂不仅能实现人工地盘土壤的轻量化，也有增强透水性和保水性的效果。可使用的土壤改良剂包括珍珠岩、珍珠砂、蛭石、泥煤苔和树皮等。

石块现在也有塑胶仿制品，但不推荐使用，建议使用多孔的轻石，不仅容易长苔，也方便搬运。

■屋顶庭院的防水对策

对计划建造屋顶庭院的业主而言，最应重视的是防水问题。屋顶平板部分的防水处理属于建筑工程的一部分。但对庭院设计师而言，为能顺利排水，尽量避免积水，会在平板部分的水泥地上涂抹水泥砂浆，铺防水垫制作防水层，而且防水层连竖立的壁面也要做。

■屋顶庭院的排水工程

屋顶庭院必须拥有植物生长必要的供水和能迅速排水的设施。为此，植栽用土下面，需要有轻量、保水性佳、透气性好的砾石层来促进排水，而且屋顶平板的坡度要比一般屋顶略大些。

■树木的种植

像饭店、大厦屋顶庭院那样的大工程，更要慎重考虑其建筑负荷情况，而且务必保证栽种树木的土壤厚度。同时树种后要设立足够能抵挡强风的支柱支撑树木，即树木用竹子、圆木作为支撑，同时加装扶手固定。条件允许的话，扶手上还可以设置栅栏，防止树木直接受风，否则长新芽时，嫩叶会被强风吹坏，导致叶片全年都处在受伤状态。

■屋顶庭院的浇水

由于日照、通风的影响，屋顶地面会很干燥，有效水分也会显著减少，故应设置供浇水用的水管及水龙头。建议设置定时洒水器，忙时可自动洒水，让屋顶庭院内的植栽正常生长。

用水孔石作为固土用石组，然后栽种植物。立面使用兼具防风和掩饰效果的竹篱。（设计 / 三桥一夫）

在露台设水钵的流水庭院。在前方设置围墙，同时栽种高的树木作为点缀。（设计 / 三桥一夫）

庭院的添景物

石灯笼

劝修寺形石灯笼，为了有更佳的照明效果，这种石灯笼灯膛和灯罩均为方形，适用于庭院。（设计/三桥一夫）

四脚的雪见石灯笼，多半配置在池塘、泉水边，也有三脚的种类，其灯罩较大。

四角形石灯笼，直接把灯柱埋在地下，
高度太高的话，会影响整体的平衡。

四角形石灯笼，下部埋入地面。

朝鲜形石灯笼，能给人留下独特印象的创作型灯笼。

四角形石灯笼，同属埋入式，圆弧形的灯膛为其特征。

琴柱形石灯笼，长度不同的双脚为其特征。

四角形石灯笼，埋入形，以四角翘起的曲线形灯罩为特征。

四方柱形石灯笼，在柱身一部分挖洞做成灯膛，是外形较为简单的石灯笼。

六角形石灯笼，标准式的石灯笼，在灯柱的中节雕刻珠纹带。

柚木形石灯笼，还原传统样式的制品，竖立于自然石雕刻的花座上。（设计 / 吉河功）

桃山形石灯笼，各部分均为圆形，以厚重的半球形灯罩为特征。

蹲踞

将自然石打造成水钵，形成向钵式蹲踞。背景有石组，右侧配置埋入式石灯笼，用于水钵周边的照明。

以长形自然石打造成的水钵，放置在中心点，形成向钵式蹲踞。

在地面挖坑，埋入自然石打造成的水钵，形成向钵式蹲踞，多半使用在流水的水源处。

这是配置在京都市慈照寺（银阁寺）庭院内走廊边的水钵。

利用五轮塔的塔身（水轮）打造成的水钵，放置在石台上使用。（设计/吉河功）

雕刻有莲花瓣的八角形石块打造成的水钵，形成中钵式蹲踞。（设计/吉河功）

坐落在京都市龙安寺露地内的铜钱形水钵，水钵上的字是“唯吾知足”。

将雕花的宝箧印塔塔座打造成水钵，并以大块立石为背景，构成向钵式蹲踞。

六角形水钵坐落在台上略高处，中间凹处为大圆形，形成向钵式蹲踞。

把刻有铭文的石臼当作水钵。

用雕刻莲花瓣石块打造成的水钵，形成中钵式蹲踞。（设计 / 吉河功）

在方形的石“斗”（量米器）中挖出方形洞，即成二重斗式创作型水钵。

在石造宝塔的塔身底部挖洞而成的水钵，一般称为袈裟形。以雕刻在侧面的门扉形为特征。（设计 / 吉河功）

此水钵坐落在京都市孤篷庵中，因雕刻有“布泉”二字而闻名。

树篱

卡罗莱纳的茉莉树篱。4~5 月开鲜黄色、有甜甜的香味的花，属蔓性植物。

杜鹃花的树篱。4~5 月开红紫色或白色的花。混色栽植，树篱亮丽活泼。

修剪整齐的茶花树篱。11 月至翌年 4 月开花，要在花谢后进行修剪，修剪多余的枝，保持美丽形状。

白棣棠会在 4~5 月开 4 瓣的白色花，秋天结黑色种子，沿着篱笆盛开时颇具风情。

落新妇的树篱。8~9 月开穗状的白色小花，香味宜人。因枝蔓很长，故可延伸到篱笆或杆上。

瑞香的树篱。3~4 月开花，即使放任生长也能保持整齐的形状，无须特意整姿。

修剪整齐的纤叶花柏（日光花柏）树篱。修剪分别在5~6月和9~10月进行为宜。

栽植在用地周围的竹篱。场地狭窄时，为了避免其根部扩张，可栽植在土管、水泥管等中。

光叶石楠的树篱。耐修剪，会密生小枝，春天的红色新叶特别漂亮。

地锦攀爬的围墙。成长快，繁殖迅速，冬天虽然会落叶，但秋天可观赏变红的叶子。

龙柏的树篱。浓密苍翠，十分优美。4~10月要勤加修剪。

马目的树篱。喜阳，萌芽力强，耐修剪，也耐干燥和大气污染。

竹篱

设置在京都市光悦寺内的竹篱，竹子交叉组合成斜格子，并上下镶边。

使用竹竿和竹枝束构成的铁炮篱。其横向的绳索固定法是一大特征。（设计 / 三桥一夫）

设置在京都市桂篱宫正门旁边的竹篱，其横向是竹枝，纵向是竹竿，上部也用竹竿镶边。

沿着京都市慈照寺（银阁寺）参道石墙上所设置的竹篱，这是比建仁寺竹篱低的竹篱。

设置在京都市龙安寺参道上的竹篱，中间以竹片交叉成斜格子，上下部都有镶边。

使用竹枝的竹篱，借由夹条的不同数量及不同间距，呈现出不同的风趣。（设计／吉河功）

使用竹枝制作的竹篱。顶部不镶边，中间用细竹竿作夹条。

用竹竿分 4 段绑定的铁炮篱。本例使用的竹竿数量没有一定规则。
（设计／三桥一夫）

用相同宽度的竹片编成网状的大津篱。

这是御廉篱的应用型。中间部分通透，上下分别组合，并用交叉绑法固定，两边镶边。

由竹片制作而成的一般御廉篱，纵向用剖开的竹竿将横向竹片夹住并固定。（设计／吉河功）

南禅寺篱样式的竹篱。竹片部分和杉木皮部分相间配置，构成别致的图案。

足下篱样式的著名金阁寺竹篱。在等间隔排列的短竹竿上进行绑定和镶边。

建仁寺篱样式的杉木皮围篱。用竹片夹紧杉木皮，并用铜钉等固定。（设计／吉河功）

标准的建仁寺竹篱。纵向是排列整齐的细竹片，横向用大竹片绑定，顶部镶边。

此竹篱上下皆不镶边，纵向以两根竹竿为一组，横向再用竹竿将篱笆分成四截绑定。

竹片的下部不插入地面，而用横跨的木板作为支撑的建仁寺篱。（设计/吉河功）

连排的竹篱。把长长的竹枝前端朝下，上部用竹片镶边为其特征。

半蓑式竹篱。上半部分用细竹枝做成竹篱，下半部分用竹竿做成四目篱。

网代篱。以细条竹为主编成网形的竹篱。依每组竹片数量、编法不同会变化出不同图案。

飞石

使用比较接近矩形的自然石来作为飞石。
（设计/三桥一夫）

使用板状的青石作飞石。由于各边都是直线，故以其尖锐的角为特征。
（设计/吉河功）

为了连接蹲踞、井、屋檐内的踏脚石等所设置的自然石飞石。石臼坐落在重点处。（设计/三桥一夫）

在象征枯山水之水的铺砂中，用自然石飞石作为通往“沙洲”的渡石。（设计/吉河功）

将小飞石搭配大的踏脚石和飞石作为装饰重点。

设置在露地的自然石飞石。巧妙组合大小、形状不一的石块，营造各种变化。

将加工后的废弃石块和石臼重新利用的飞石例子。将其配置在重点处更有装饰效果。

设置在露地的飞石。途中添加长形切石，让景色转移变化来增添趣味。

设置在东京都清澄庭院内园路途中，用于横跨“流水”的自然石，又称为“泽飞石”。

设置在东京都清澄庭院内园路上的飞石，是把大块自然石灵巧配置成有趣景观的例子。

加工成矩形的切石飞石。为了避免单调，不采用直线，而以稍微歪斜的方式铺排。
（设计 / 吉河功）

设置在武学流庭院的飞石。步宽较大，是观赏性大于实用性的飞石种类。

铺石

好像流水环绕小岛一般，用石块不规则拼铺构成的别致庭院造景。

用大小不一的小石片铺装的不规则铺石通道，粗犷中充满自然感。

纵横配置长方形的切石，周围拼贴不规则石块。（设计/三桥一夫）

沿着两边摆放切石和长条自然石，中间则以杂石不规则拼贴。

以大块石片为主，用铺石筑成宽阔但边缘不整齐的通道。

兼当车道的通道铺石。在地面拼贴石块，中央铺砾石来组合图案。

如竹筏般组合的细长切石，间隔留空，平行配置，间隔再以杂石不规则拼贴。

长方形切石参差排列成竹筏般的铺石，使园路景色充满变化。

以细长切石做成边框，中间则用短切石以45° 角组成方形，铺成生动有趣的图案。

为点缀屋檐内前方空间所设计的铺石，和蹲踞十分协调。（设计 / 三桥一夫）

犹如沙洲曲线的设计，可欣赏生动结构的铺石。石材使用的是有厚重感的铁平石。（设计 / 吉河功）

设计成沙洲形的屋檐内铺石，使用小圆石进行组合。（设计 / 吉河功）

在两边和中央使用细长的切石加以区隔，其间再组合拼贴切石和自然石。

使用大小不一的切石做成的铺石，中央部分稍微挪到右侧，在单调中营造变化。（设计 / 三桥一夫）

部分配置切石的铺石。使用整齐加工的小石片加以组合、铺装。（设计 / 三桥一夫）

其他

木造棚架顶部使用成品木材，组合成方格子状。

竹篱的小门是用细竹片编织而成的。（设计 / 三桥一夫）

这种设置在露地的设施，是一种悬空方式的上掀式的小门。

这种以圆木柱为支撑而搭设的竹棚架，重点在于棚架的宽度和高度要取得平衡。

上部做成圆拱形，整面镂空的高大方格纹篱笆。

配置在庭院入口的圆形拱门。多半出现在西式庭院中，也可作为出入口的添景物。

观赏庭院造景元素实例和做法

石灯笼 兼具地灯功能的日式庭院必备添景物

现今，石灯笼和庭院已有密切关系，而且被认为是日式庭院不可或缺的构成要素。的确，石灯笼也有衬托景色的效果，例如只用树木打造的庭院，景致多半单调，如果加一座石灯笼当作添景物，整体就会感觉丰富。

石灯笼原本是设立在佛堂的前面，后来渐渐被采纳于庭院中。

因茶道逐渐发展，接着建立茶室、茶庭（露地），为了在夜间举办茶会时，能够照亮庭院通道并增添景致，于是将石灯笼纳入庭院。

后来对石灯笼的应用，更超越实用性目的，注重观赏性，此风气延续至今。

◆石灯笼的结构

石灯笼基本上如图①所示，是由基础、柱、中台、火袋、笠、宝珠所构成。一般会竖立在基坛（图①的最下部）上，但也有直接竖立在地面的情形。

●基坛

指铺在基础下的板状石，分只用一石和以二石以上组合两种。不过，这种基坛有时省去不用。

●基础

灯笼结构的最下层部分。一般的形状是上端设置柱的受座，周围雕刻莲瓣“反花”，侧面装有格狭间，平面的形状分别有八角形、六角形、四角形、圆形等。

●柱

指基础上方的柱状部分，普通形为圆形或四角形，圆形的柱在上部、中央、下部分别有带状的节，四角形的柱通常没有节。

●中台

指柱上方，形成台座承接火袋的部分。平面的形状刚好和基础相对。下端有柱的受座，周围刻成莲瓣“请花”，侧面装有格狭间等，上端多半制作 1~3 段的突出物来放置火袋。

以金阁寺为背景，放置在大景石上的石灯笼。重点在于不朝向正面，而以稍微倾斜方式放置。（设计 / 吉河功）

●火袋

中台上方，也是石灯笼最中心的部分，是用来点灯的设施。因此这部分即使施予种种装饰，也必定有点灯的火口、促进空气流通的火窗。平面的形状，一般以基础为准。

●笠

在火袋上方，相当于建筑物屋顶的部分，一般会朝各个角制作梁结构，檐往上卷翘（称为蕨手）。但四角形的笠就无蕨手。

●宝珠

在笠的顶端，是象征莲花花苞形状的装饰物。分为只有宝珠和附加请花的宝珠两种，后者更具装饰效果，也较精致。

◆石灯笼的选择

现今的石灯笼，几乎都是为了供人观赏才配置的，故要达到犹如在壁龛悬挂名作一样的效果，需要选择姿、形美观，耐人寻味的种类，然后设置在庭院的重点处。话虽如此，但由于价格昂贵，故需在预算允许的范围内挑选。

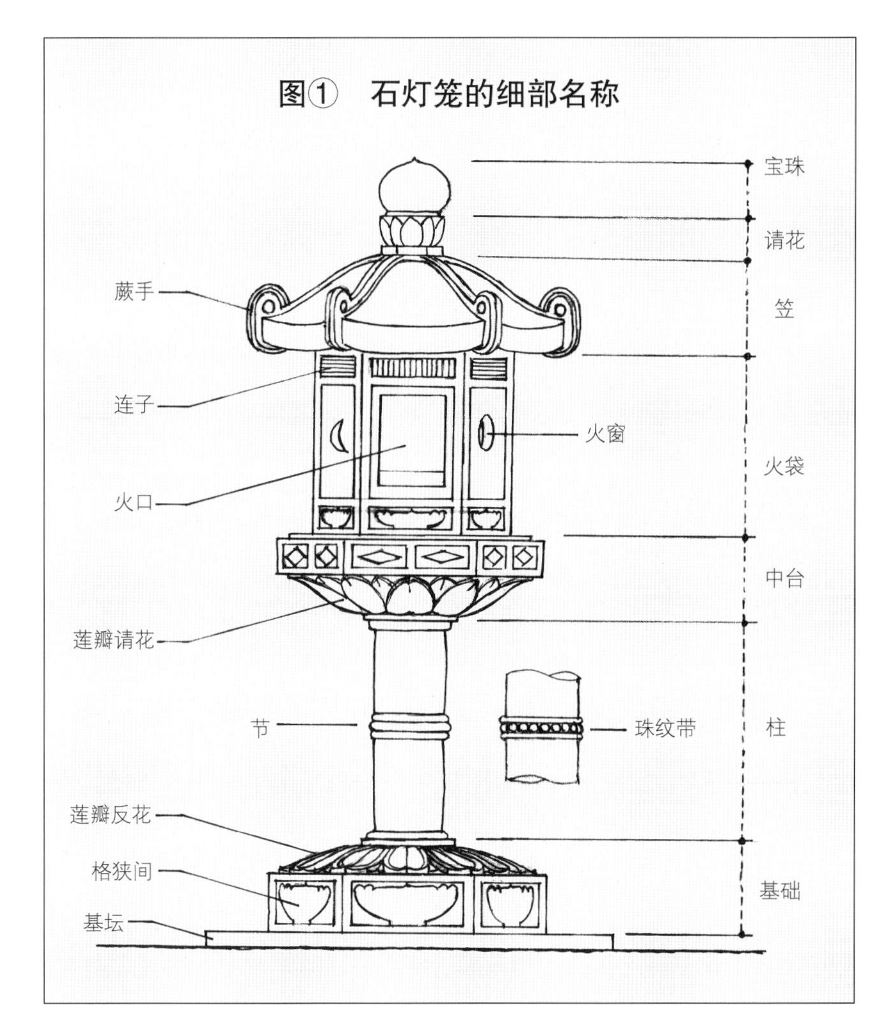

图① 石灯笼的细部名称

●姿、形优美

选择石灯笼时，首先要注意的是姿、形，即整体比例是否协调。最近的产品以细长形居多，但缺乏稳定感和厚重感，反观日本镰仓时代的石灯笼，不仅有稳定感，整体比例也相当优雅。故选择时，请多观赏古时候的石灯笼，培养感觉，尽量选择比例协调、形状优美的产品。

●各部分结构良好

观察各部分的细节。现在市场上的产品常有偷工减料，雕工或修饰粗糙等的情形，请注意。

●避免装饰过多

常见的是装饰过度，看起来怪异的劣质品，请选择自然美观的产品。

●耐用

不易风化的自然石是最理想的材质。最近有许多人造石、混凝土制的产品，但建议尽量选择自然石的种类。

◆石灯笼的种类

石灯笼的形状多种多样，名称五花八门，分类方式也有很多种，这里以一般分类来说明。

普通形——指各部分完备的标准形式。寺庙用的石灯笼多半属于此类。

异形——除了火袋外，各部分有所省略或变化的灯笼。庭院用的石灯笼多半属于此类。

●普通形（立形、立灯笼）

依据火袋的平面形状，区分如下。

四角形：御间形、西屋形、神前形等。

六角形：平等院形、太秦形、般若寺形、三月堂形、西圆堂形、灯明寺形、祓户形、莲花寺形、善导寺形、高桐院形、春日形等。

八角形：当麻寺形、柚木形。

●异形

依据其形态区分如下。

埋入形：省略基础，直接把柱竖立在土中的形式，有织部形、水萤形、光悦寺形、松琴亭形等。

置灯笼：一般是指放置在台石等上的小型灯笼，有寸松庵形、玉手形、岬形等。

附脚形：中台下方并非柱，而是有 2~4 只脚的形式，以雪见形为代表。

层塔形：在初层（最下）或各层中设置火袋，形成三层、五层塔般的形式。

寄灯笼：把几个旧石造塔的某些结构部分，或几个被拆开的石灯笼，加以利用组合成一个新灯笼的形式。

特殊形：当作路标等利用，设置火袋的形式。

以江户时代到庆长年间的古式织部形灯笼为模本复制的织部形灯笼。（设计 / 吉河功）

◆代表性石灯笼（图②）

●**春日形**

在奈良市春日大社常见的六角形灯笼，基本形状如图①所示，常见的有在火袋侧面雕刻鹿或红叶等图案。

●**柚木形**

设置在奈良市春日大社内若宫社附近的石灯笼是原型，目前收藏在珍宝馆内。中台以上的火袋、笠是八角形，柱是圆柱形，基础是六角形，笠无蕨手但有下降的横梁。不过，基础并非原始物件，而是后代产物。

●**西屋形**

设置在奈良市春日大社内西屋前，但现在已非原物，除了宝珠外的各部分都是方形。

●**平等院形**

竖立在京都府宇治市平等院凤凰堂前的石灯笼为原型，主要特色是圆形气派的基础以及变形的火袋。

●**三月堂形（法华堂形）**

竖立在奈良市东大寺法华堂（通称三月堂）前的石灯笼是原型，是刻有镰仓时代文字的六角形豪华石灯笼。

●**般若寺形**

原型为设置在奈良市般若寺正殿前的六角形灯笼。但现在殿前的石灯笼是复制品，真品收藏在东京椿山庄庭院内。基础和中台侧面上的格狭间附有装饰，相当有特色，同时莲瓣雕刻也很精致。

●**莲华寺形**

竖立在京都市莲华寺正殿前的为原型。主要特色是六角形的笠高耸，笠上还有表示屋瓦的 9 段横纹。

●**岬形**

设置在京都市桂篱宫庭院内松琴亭前石海滨前端的石灯笼为原型，因放置位置而得名。

●**寸松庵形**

名称由来不详，但只用一石做成有宝珠、笠、火袋、脚的小型置灯笼。

●**织部形**

又称为织部灯笼，是埋入形的代表，是现今常用的种类。主要特色是柱的上部、左右都呈现凸出的圆弧状。

●**雪见形**

以庭院用石灯笼被广泛使用的形式，常被配置在池边。中台、火袋、笠有八角形、六角形、圆形之分，中台下有两脚、三脚、四脚之分。

◆石灯笼的放置场所

目前在庭院设置的石灯笼观赏性大于实用性，但配置时仍要同时顾及照明的实用性。

●**通道的照明**

图②　代表性的石灯笼

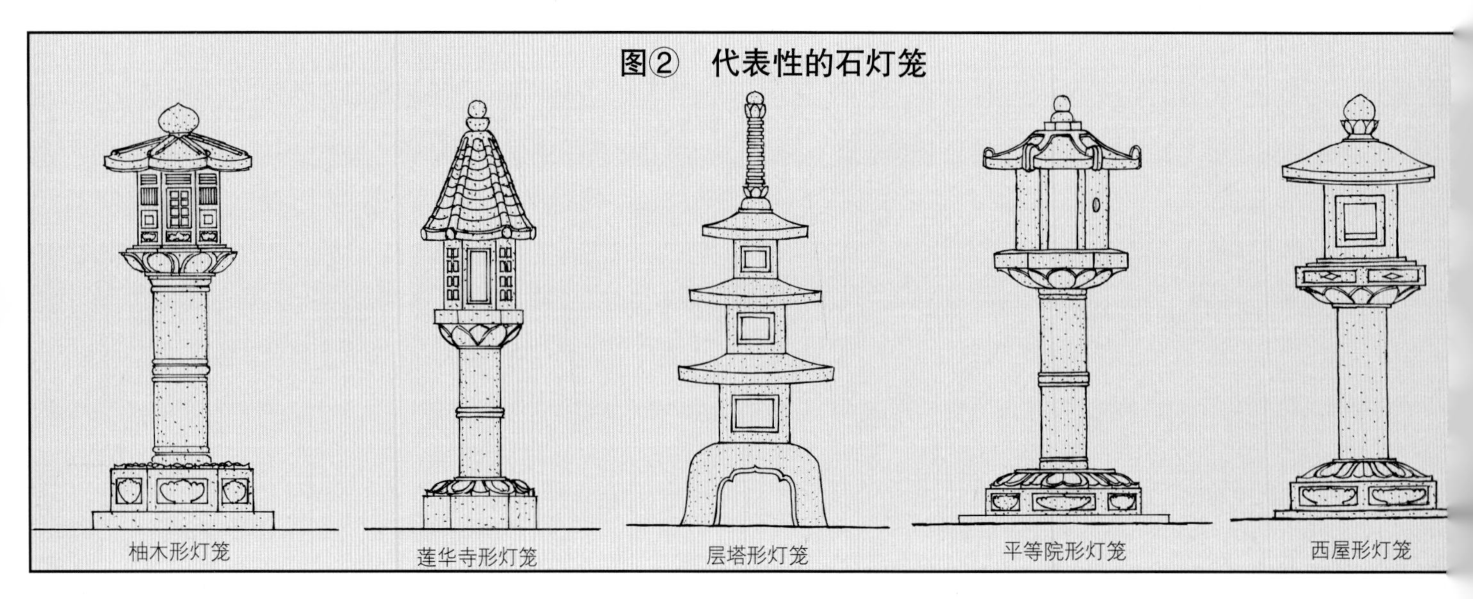

a 配置在园路旁——立灯笼、埋入形等。

b 配置在园路分叉路附近的有立灯笼、埋入形等。

c 配置在前庭正面、通路旁的有立灯笼、埋入形等。

●出入口附近的照明

a 配置在正门左右方的有立灯笼、埋入形等。

b 配置在庭门、木门、栅栏门等旁的有立灯笼、埋入形等。

●庭院的照明

a 配置在主庭的正面，在植栽中充当重要景点的有立灯笼、埋入形、雪见形、置灯笼、层塔形等。

b 配置在草坪等中的有立灯笼、埋入形、雪见形、置灯笼、层塔形等。

●蹲踞等的照明

a 配置在蹲踞附近用于水钵照明的有立灯笼、埋入形等。

b 配置在走廊水钵（钵前）附近用于水钵照明的有立灯笼等。

●水面、沙洲的照明

a 配置在池泉水附近的有雪见形、岬形、埋入形等。

b 配置在沙洲中的有雪见形、岬形、埋入形等。

◆石灯笼的安装

（立灯笼、埋入形的情形）

①装置场所的地盘要仔细捣实、整平。土地稍微松软的地方要混合砾石、砂加以捣实，或者浇注混凝土。

②接着，决定立灯笼的正面（通常是火袋的点火口一侧）要朝向哪个观赏位置。

③有基坛时，使用水平器以保证水平设置。

④把基础水平设置在基坛或者捣实的土地上（但埋入形要把柱的下部以规定的高度直接埋入地面）。

⑤依序重叠柱、中台、火袋、笠，最后在顶上放宝珠，装置告一段落。高耸型的需要用吊车等机械，或委托专业者来施工较安全。

⑥此外，石灯笼通常会点缀前石，加以造景。

在重叠各部件时，需要以原来的状态重叠，因为如果改变原来位置容易导致不稳定，如果矫正方向仍会摇晃的话，可以插入薄铅板等加以固定。

◆石塔及分类

雕刻石材做成的塔婆（佛塔之总称）主要有层塔（三至十三层不等，以奇数层为多数）、五轮塔、宝塔、宝箧印塔、无缝塔等。石塔在镰仓时代名品特别多。

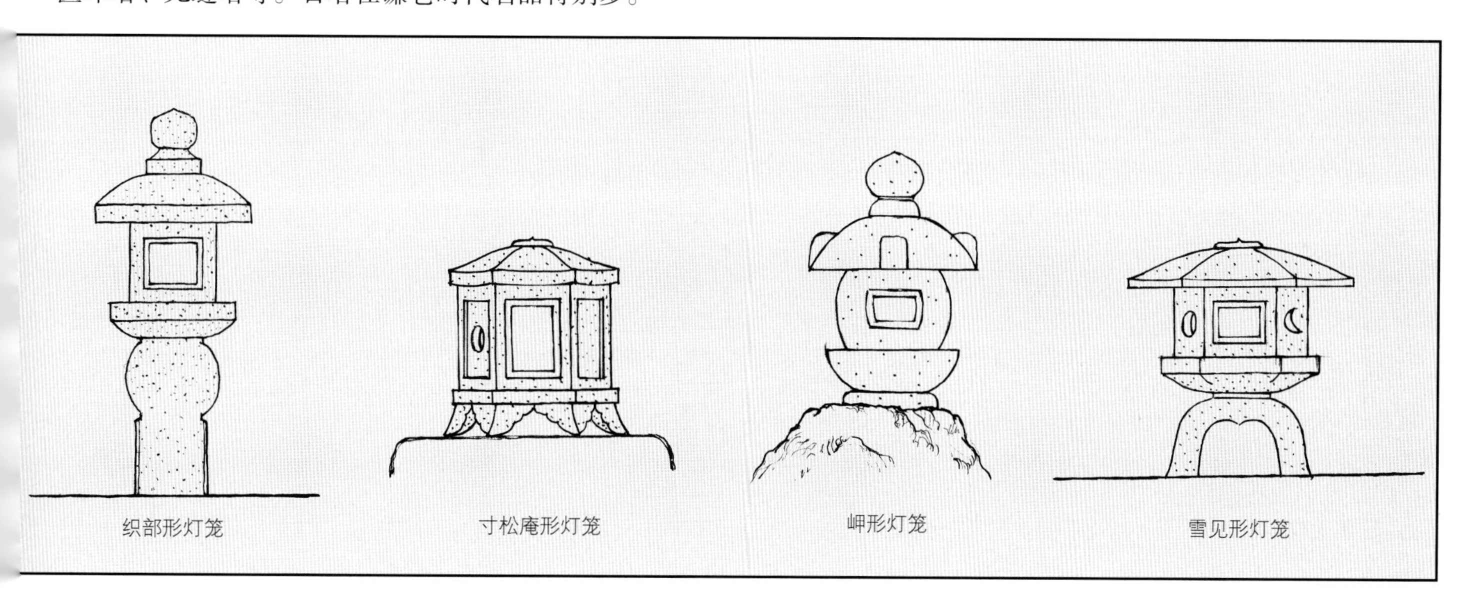

石灯笼、石塔的种类

竖立在京都府加悦天满宫境内。连细部都非常精致的山城丹后样式石灯笼，呈八角形，厚重感十足，是镰仓时代的作品。

四角形的石灯笼。火袋的 4 面有四角形和圆形点火口，多设置在主要景点或通道旁。

坐落在茶席露地上复制样式的柚木形灯笼。竖立在自然石雕刻莲瓣的基础上，姿态优美的石灯笼。（设计 / 吉河功）

较近年代建造的高大六角形石灯笼。为了整体景色，竖立在吸引视线的地方。

常见的四脚雪见形灯笼，整体姿态平衡，这也是选择时的重点。

把岬形灯笼设置在景观焦点上的例子。由于小巧，故常使用在小庭院的枯山水中。（设计 / 中濑操）

在以御廉簾为背景构成的蹲踞中，水钵照明用的织部形灯笼，柱上部的圆弧凸出为其特色。

各部分都很端正的标准六角形石灯笼。不仅各部结构精细，整体平衡感也不错。

圆形的埋入形石灯笼。高拱的圆形笠上没有宝珠，故平衡感有些欠缺。

四角形灯笼作为景的焦点，配置在砾石中的矮山景一端。

竖立在京都市劝修寺庭内的劝修寺形灯笼的原型。笠造型独特。

高达 374cm 的壮丽石造宝塔，塔身呈圆形。

以笠的四角有饰品为特征的宝箧印塔，源于中国阿育王寺的释迦舍利塔。

竖立在有反花的基坛上的五轮塔。球状部分是塔身，利用塔身做成的水钵，称为铁钵形。

新形的石造十三重层塔。笠的四角不反翘。

蹲踞 在茶庭（露地）中当作矮门附近的主景，住宅庭院中的蹲踞要设置在室内眺望得到的地方

蹲踞被认为是日式庭院的构成要素，尤其是茶庭（露地）不可或缺的元素。

所谓蹲踞原意为弯腰使用水（钵）。蹲踞最早因和茶道有关而使用在茶庭中，在举办茶会时，喝一碗茶前必须先用清水漱口、洗手，于是以蕴含净身、清心的意义加以创作、发展，形成现在的蹲踞。

因此，以水钵为中心的蹲踞结构，成为茶庭中的一个展示场所。古代茶人对选择或制作水钵都非常讲究，故想配置在现代住宅庭院时，也应用心打造。

向钵形式是基本结构的蹲踞，面对水钵，前面是前石，左侧是手烛石，右侧是汤桶石。

◆蹲踞的形式和结构

●蹲踞的形式（图①）

蹲踞的构成有如下的形式：

①向钵形式

②中钵形式

③流水形式（在流水中配置水钵的形式）

●基本的结构

蹲踞的基本结构，以向钵形式来看，配置形态是把水钵设在中央朝向正面，前面是前石，面对水钵的左侧是手烛石，右侧是汤桶石，以上4石所包围的部分是流水（又称为海、水门，比地盘略低），中央附近设置排水口，同时设置水挂石来掩饰排水口。

水钵：装水的器皿，在自然石等上端凿水洞，形成可装水的结构。虽然种类繁多，但选择时要注意形态和适合的水洞大小。

前石：举行茶道仪式时，客人为了方便使用水钵所踩踏的役石，要选择顶端平坦，可容纳两脚大小的石块。

手烛石：夜间为了摆放手烛（照明器具）的役石，要选择上部较平整的石块。

汤桶石：冬季，因水钵的水冰冷，故设置装热水的水桶来代替，而用来摆放热水桶的役石要选择平坦宽面（桶的直径约26cm）的石块。

流水（海）：让水排出的地方，中央设置排水口。若经常用笕（引水管）来排水，排水口的下方必须连接排水管，让水排到指定地点，但若有装饰物或设置在茶庭等处时，请加栗石、砾石等，把水自然吸收到土中。

水挂石：放置在排水口上的小圆石，具有掩饰排水口和避免用水时衣服被溅湿的效果。

◆放置蹲踞的场所

蹲踞是茶庭风景的重点，其配置法也有讲究。若是二层露地形式，是设置在内露地中门，从中潜到茶室的飞石旁边，若是一般的茶庭，则设置在茶室矮门的附近；若是一般住宅，则是设置在从房间眺望得到的主庭的重点位置，在中景附近效果最好，有时也可配置在前庭的玄关旁或通道旁。

◆水钵、役石的配置方式（图②）

①水钵的配置

依据形状、大小，把水钵以高出地面30~50cm的方式暂时放在固定的位置，水洞装满水观察水平时的状态。然后稍微前倾，边调节边让水顺利从前面流下来，之后才正式开始配置。

如果水钵是艺术品，通常会摆放在台石上，当然要先确定水钵摆放的高度，才能决定台石的高度。

②前石的配置

从水钵的水洞中心算起，在距离55~75cm的前面设置前石。前石的高度要比连续的飞石略高些，而且保持水平。

③手烛石、汤桶石的配置

面对水钵，在其左侧，以比前石顶端高出12~20cm的方式，边观察姿态边设置手烛石。接着在右侧，以比前石顶端高出5~9cm的方式，边观察姿态边配置汤桶石。

④制作流水（海）

水钵、役石配置妥当后，接着制作流水。底部先涂抹砂浆，中央设置排水口，至于排水口下的结构如前所述。采用排水管式时，要在配置役石之前就埋设排水管。

⑤制作、配置连接石等

水钵和役石之间，通常会形成一个空间，故要使用大小不一的木椿、玉石、瓦、灰泥（古时用三合土）等来连接，避免土壤随雨水等一起流走。

⑥水挂石的配置

设置在流水中央的排水口上，用小圆石等来作水挂石。有时候全部都铺直径3~6cm的小圆石等。

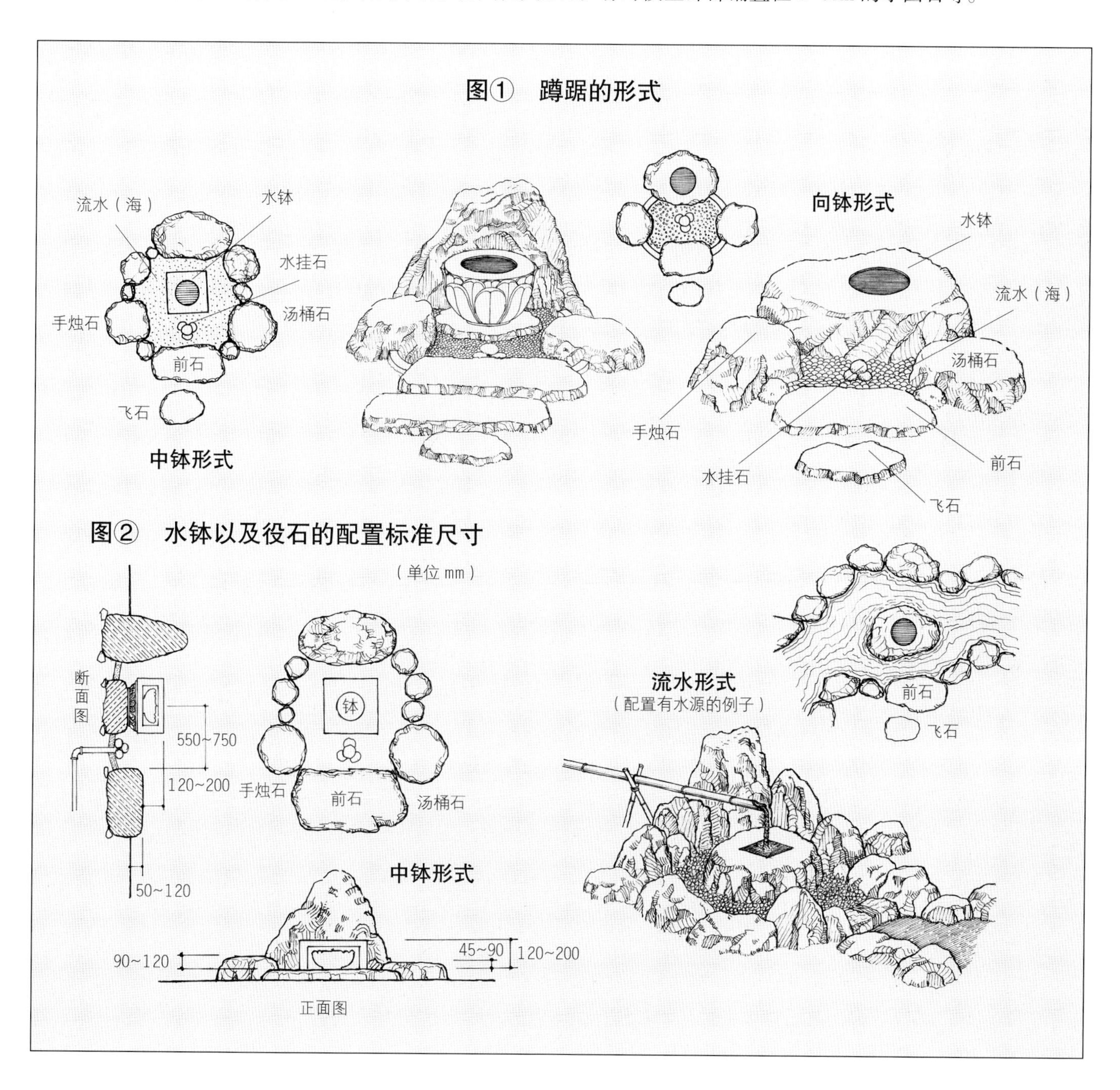

⑦完成

最后把各石周围的地面整平，去掉附着在石块上的泥土等，清扫干净。

◆水钵的分类（图③）

水钵大致区分为自然石、加工创作造型品、见立物（比拟物）三种。

●自然石

从大自然生产的石块中，选择姿态、形状优美的，然后在上部凿水洞，再依据其外形特点起名，如富士形、镰形、水掘形等。

●加工创作造型品

依据喜欢的形状，将石块加工成的一定形状的水钵。古代由茶人创作的有特色种类如下。

钱形：在平坦圆形的表面上，凿出四方形的水洞。

布泉形：钱形的一种，上端刻有“布泉”字样。

龙安寺形：钱形的一种，上端刻有“唯吾知足”字样，因各字都含有“口”字，故利用水洞的四方形来配置，相当有趣。

菊钵形：款式像菊花形状。

银阁寺形：方形，下部有圆形凸出物，上端凿圆形水洞，侧面三边有棋盘图案。

●见立物（比拟物）

利用旧的石造艺术品（层塔、宝箧印塔、宝塔、五轮塔、石灯笼等）的某些部分，或者将古寺的基石等加以利用，凿水洞而成。

四方佛形：利用层塔、宝箧印塔的塔身凿水洞，在 4 个侧面雕刻佛像或樊字而成。

铁钵形：利用五轮塔的球状部分（水轮）凿水洞而成。

笠形：利用石灯笼或石造塔的笠部分做成水钵，多半以倒立形状使用。

伽蓝形：利用古寺石柱的基石，配合石柱的粗细加工而成的水钵。

中台形：在石灯笼的中台上面凿出基础形的水洞。

莲台形：利用可看到石佛的本尊座莲台（用别石制作），上部凿水洞而成。

袈裟形：利用石造宝塔的塔身凿出水洞而成的水钵。因刻有类似僧衣袈裟般的图案而得名。也有没有图案的例子，但一样称为袈裟形。

图③　各种水钵

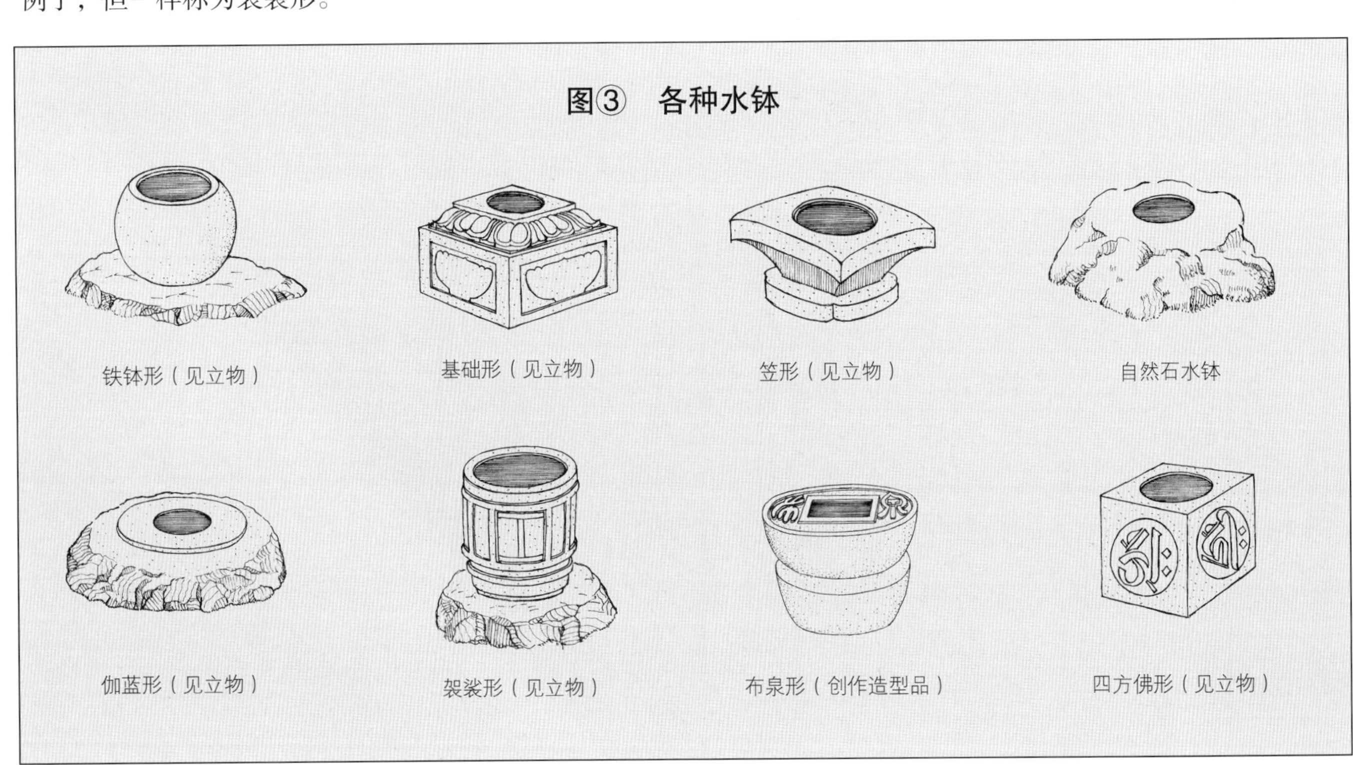

水钵的种类

在圆弧状的横长形自然石上凿葫芦形水洞，成为生动有趣的水钵，并添加岬形灯笼当作水钵照明。

坐落在书院檐下，称为“袖形”的自然石水钵，因侧面的褶皱图案得名。

莲台形水钵，属于石佛等的台座，在四周雕刻莲瓣的莲华座上凿水洞而成。

桥桩形水钵，在石造桥的桥桩上凿水洞而成，主要设置在檐下。

础石形水钵，水钵所使用的伽蓝石，原本是作为寺院建筑的石柱基础，用自然石加工而成。

袈裟形水钵。在侧面刻有扇形的宝塔图案，塔身底面凿水洞做成的水钵。（设计/吉河功）

向钵形式的自然石水钵。水洞小，是以造景为主的蹲踞结构。

四方佛水钵。因四面雕刻佛像而得名，将佛像当作水钵的装饰框。

利用六角形石灯笼的中台凿水洞而成。一般会摆放在台石上使用。

坐落在京都市曼殊院，属于创作形水钵，侧面有猫头鹰的浮雕。

在小巧有趣的自然石上凿水洞而成的水钵，装置成中钵形式。水从笕（引水管）滴落的风情也耐人寻味。

把础石形水钵装置成中钵形式的蹲踞。其中役石结构和一般形式相反，左侧是汤桶石，右侧是手烛石。（设计 / 三桥一夫）

上部加工为八角柱状的创作形式水钵。配置在走廊边。

将石臼再利用的水钵，装置成流水形式的蹲踞，左侧配置水钵照明用的灯笼。

使用有凹洞的自然石制作的水钵所构成的蹲踞景致，切石搭配得恰到好处。（设计 / 三桥一夫）

枣子形的水钵。以用来装茶叶的“茶罐”造型制作的创作型水钵，主要特征是其外形的圆弧曲线。

利用四角都刻有猫头鹰、形态特别的镰仓时代宝箧印塔塔身做成。

使用银阁寺形的创作型水钵构成的蹲踞景致。（设计 / 三桥一夫）

低矮形、侧面线条粗犷的水钵，以御廉篱为背景装置成向钵形式。（设计 / 三桥一夫）

使用铁钵形水钵构成的蹲踞。铁钵侧面的圆弧曲线相当圆浑优美。（设计 / 吉河功）

竹笕

把涌泉或溪谷的水导入的引水管也是庭院景趣之一，同时也是水钵、鸟浴盆、流水等的给水源

竹笕原本是山间民家为了导入岩间涌泉或溪谷的水所使用的一种工具，而且必须使用打通竹节的圆竹或挖孔的木条来当作引水管。为了拥有这样的景趣，同时作为水钵的给水源，笕（引水管）就成为蹲踞重要的构成要素。

前端斜切的细竹笕，把水导入蹲踞铁钵形水钵中。（设计／吉河功）

◆设置竹笕的场所

主要作为手水钵的给水源，但也可作为鸟浴盆、水盆、小水池、流水等的给水源。

竹笕的方向会根据用地面积、观赏位置等而定，但一般设置在正面的右侧或者左斜后方，使景致较优美。

◆竹笕的构成和安装（图①）

竹笕的基本结构包括横导管、纵导管、枕木（驹头）和支柱。

横导管以近乎水平的方式设置。材料可用挖除竹节的苦竹，前端加以斜切或者部分纵切成两半。

驹头是在连接处或转角部分的装置，使用圆形桧木、角材等裁成15~18cm，配合横导管和纵导管的口径挖孔，再插在横导管和纵导管上。

支柱是利用Y字形的树枝，或者组合成X字形的细竹。

由于水源是自来水，故到达纵导管之前会先经过塑胶管，从转弯部分到横导管会使用连接水管（加网眼织物的耐压水管），有些使用金属管。

图② 竹笕的各种前端加工法

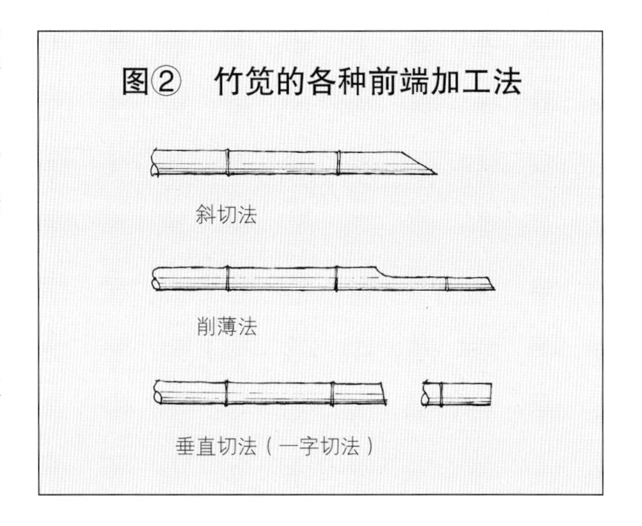

图① 竹笕的基本结构

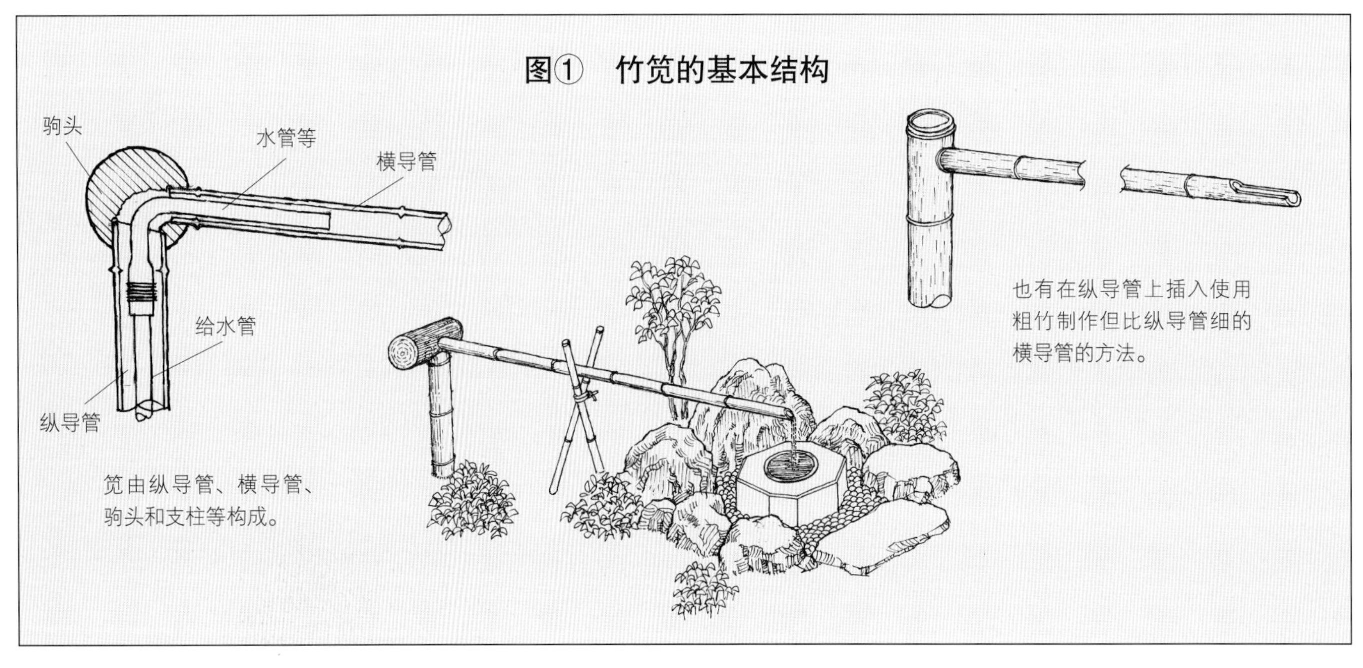

竹笕的种类

从坐落在背后的大景石旁边延伸出的竹笕，可观赏到从山中引出清水的景趣。（设计／三桥一夫）

这是常见的蹲踞和竹笕的结构，竹笕配置在自然石的水钵上。

以大的山石为背景，在有笠形水钵的蹲踞中设置的竹笕。（设计／吉河功）

以竹林为背景，为蹲踞引入水的竹笕。主要特色是其呈垂直形的两段转弯结构。

以中钵形式设置的自然石水钵上，可欣赏会流出水来的长竹笕，它采用将横导管斜切插入纵导管的形式。

在粗圆竹的纵导管上插入前端垂直裁切的细圆竹横导管，形成这种形状的笕。

僧都 观赏竹笕流水的同时，也能倾听竹底叩石的美妙音响

僧都又称为吓猪物或吓鹿物，据说是过去农村为了利用声音驱赶野猪、野鹿等所创造的。

在庭院中，为了在赏水之余，还能聆听竹子叩击石头的美妙声音，在流水的上游或中途，或者在浅水的小池子等处配置僧都。

◆僧都的结构

如图①所示，由筒、叩石和给水用的笕等所构成。

竹筒使用粗的苦竹（长 6~10cm），尽量选择壁较厚的种类。长度 60~90cm，通常有 4 个节间，而且把支点设在中间，挖掉储水侧的 1 节，前端斜切，之后用刨刀修饰。

支柱可使用圆木、圆竹或 Y 字形的树枝等，轴用直径约 10mm 的圆形钢筋。

给水部分用笕等装置完成，但为了能聆听竹音的余韵，要调节水量，让竹音响起的时间保持适当间隔。

◆僧都的设置场所

一般而言，设在造景的重点位置，如配置在流水的上游或小池畔等。

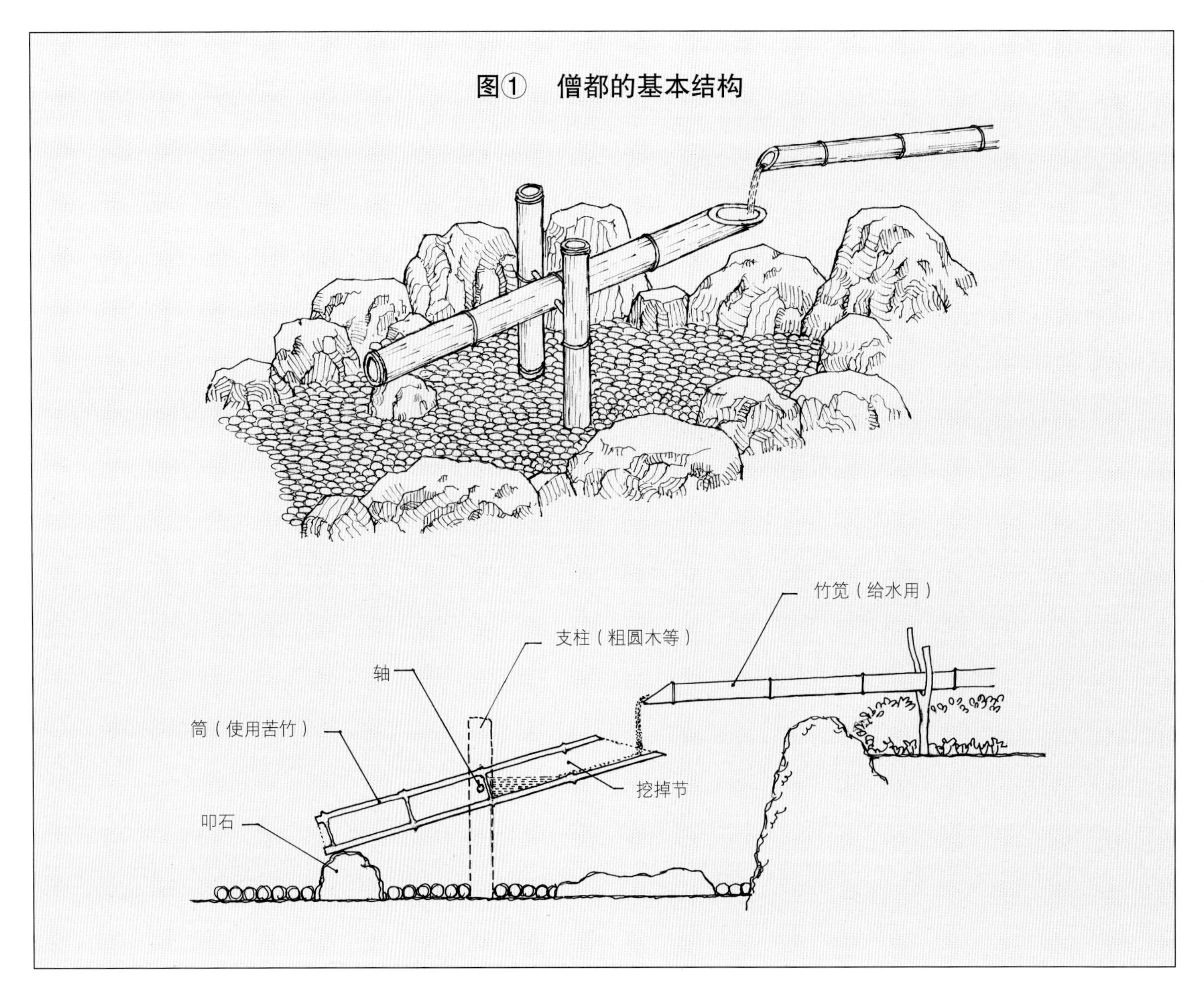

图① 僧都的基本结构

僧都的种类

越过篱笆设置的筧，把水滴落在僧都的筒上。僧都装满的水会流到水钵里，筒反弹时就会发出声响。

此僧都设置在树木繁茂的庭院一角。配置在其右前方的立石是用来协调僧都景致的。（设计 / 吉河功）

使用细长的竹子做成的僧都。需要添景物时，僧都就成了无需费用即可获得快乐的构成要素。

把筧的水引到有凹洞的自然石上，再把溢出的水注入竹筒，形成生动有趣的僧都。

使用不同竹筒的僧都，音质会因粗细、长短而有微妙差异，不妨多加尝试。

当作庭院添景物的僧都，声音响起时，也能一并欣赏竹筒上下跃动的模样。

树篱 对防风、防尘、防火以及打造绿色环境都有帮助的树木篱笆

树篱不仅是打造绿色环境的重要元素，地震时也可避免采用水泥墙时带来的倒塌的危险，所以树篱最近重新受到青睐。另一方面，看着修剪整齐的树篱，人们的心情也会跟着舒畅起来。

◆树篱的特征

所谓树篱，就是把会成长的树木加以并列栽植，经过修剪使之成为篱笆。

一般在外部当作遮蔽，或用来区隔前庭和主庭。另外，也有高树构成的高树篱，除了可遮蔽建筑物等外，也有遮阳防风的效果。优点是比水泥砖墙通风而且美观，只要注意病虫害的预防等管理，长年使用都不用更换。采用树篱的缺点是想保持美丽，必须经常将树形修剪整齐。

◆树篱的分类

●依设置场所区分

外篱：设置在用地外围的树篱。

内篱：又称为区隔篱、境栽篱等，在用地内当作区隔用的树篱。

●依材料区分

单一篱：树种只有一个种类。

混合篱：树种混合数个种类。

●依完成的高度区分

高树篱：修剪成高度 2m 以上的树篱。

中高树篱：修剪成高度 1~2m 的树篱。

低树篱：修剪成高度 1m 以下的树篱。

修剪整齐的茶花树篱。树篱要采用萌芽力强的常绿树种，看起来才壮观。

◆树篱用树木的种类和选择

树篱使用的树木，请尽量选择满足以下条件的种类。

①要适合各地方的气候、土壤等环境。

②常年都会长叶片的常绿性树木。

③耐修剪、萌芽力强的树木。

④无论枝、干都会萌芽，而且内部较不稀疏的树木。

⑤不会从下枝往上枯萎的树木。

⑥叶片密生的树木。

⑦病虫害少，容易管理的树木。

⑧成长较快，树势强的树木。

⑨比较便宜，容易买到的树木。

适合树篱的树种如下：

高树篱：罗汉松、茶花、珊瑚树、紫杉等。

中高树篱：花柏、扁柏、黄杨、正木、珊瑚树、光叶石楠、女真、罗汉松、枸骨、丝柏、龙柏、马目、西洋水蜡树、茶花、山茶花。

低树篱：犬黄杨、黄杨、伽罗木、圆柏、满天星、六月雪、圆叶火棘、雪柳、瑞香、茶树、栀子、杜鹃、连翘、枸骨等。

图①　树篱的制作

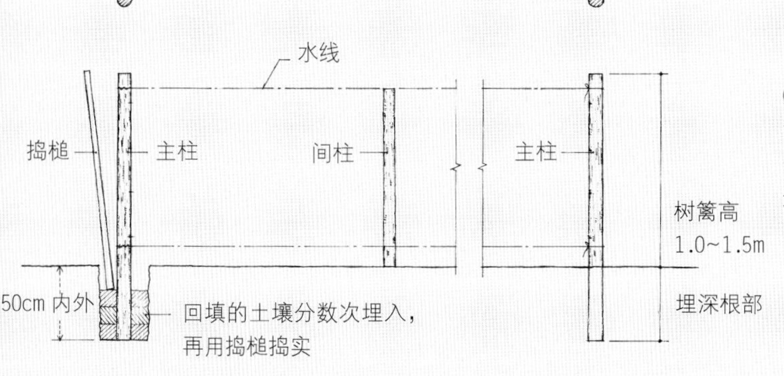

①在制作树篱的场所挖洞，竖立主柱和间柱。回填土壤后，再压实，避免柱子摇晃。

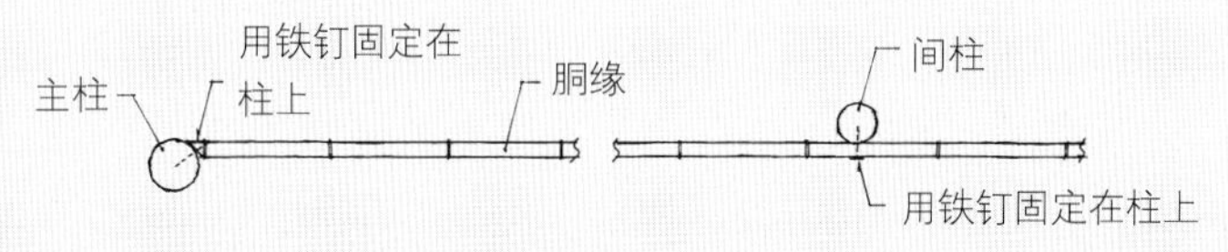

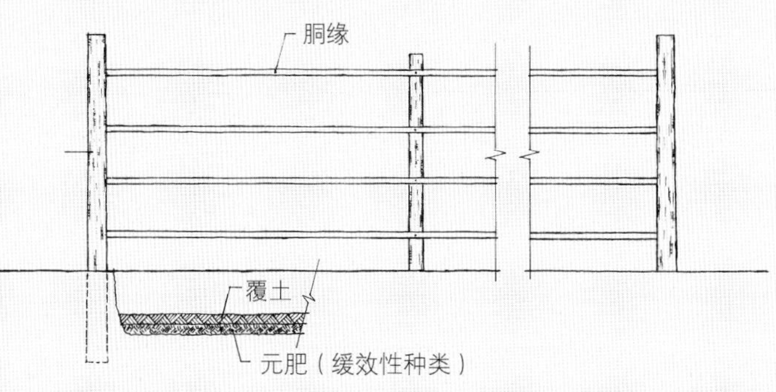

②在柱子和柱子之间安装固定的横杆。在栽植苗木的场所挖沟，放入肥料后覆土。

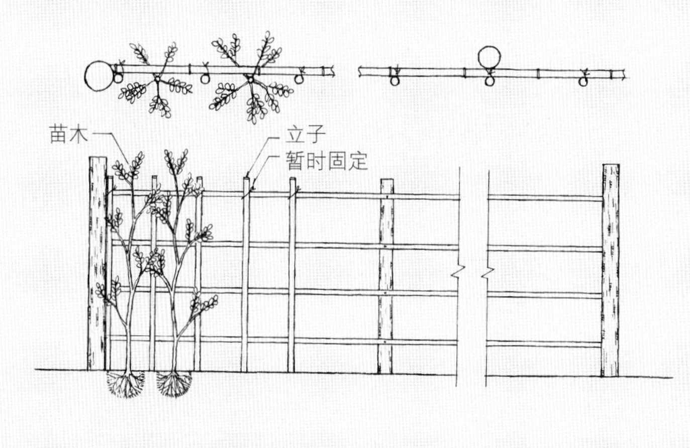

③把苗木种在沟里，以 1.8m 种 6 棵为标准，并在苗木和苗木之间竖立纵杆，暂时固定在横杆上。

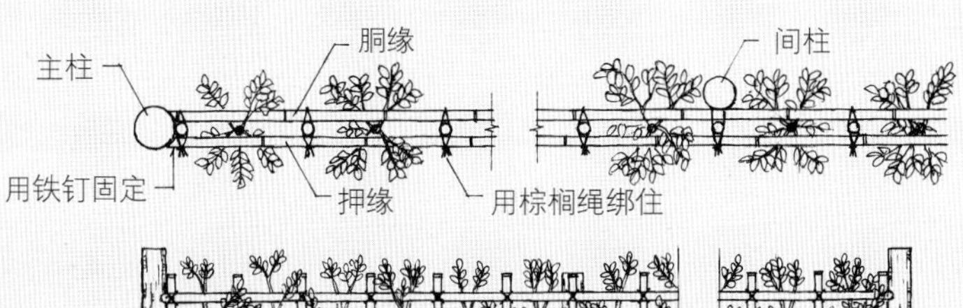

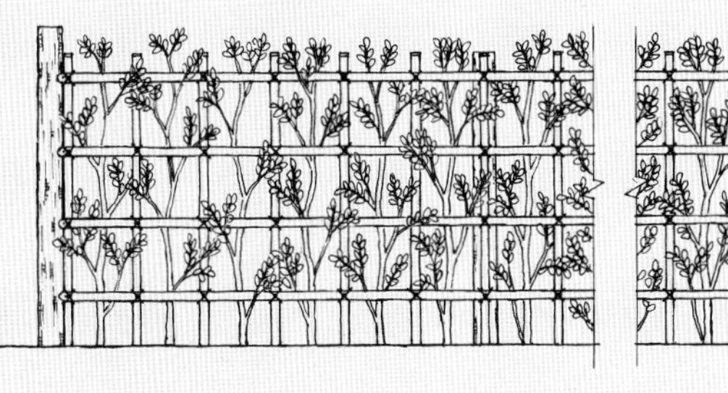

④在横杆的顶部，犹如夹住苗木一般多安一根横杆，并在和纵竿的交点上，用棕榈绳绑住。

◆树篱的制作（图①）

①准备材料

○苗木　○柱用圆木（杉木或桧木）　○圆竹（通称唐竹——使用以 12~15 支为 1 束的市售品）　○棕榈绳　○铁钉　○防腐剂（木馏油等）

②竖立主柱

在制作树篱的场所两端挖洞，竖立圆木主柱，埋入土中约 50cm，把土回填，然后压实周围，避免主柱摇晃。

③竖立间柱

接着在两根主柱之间，用水线在锁定的高度（0.9~1.2m）拉出水平，以固定间隔（约 1.8m）竖立间柱。间柱要比主柱低 10~12cm。

④挖栽植树木的洞

在柱和柱之间挖出宽、深各约 40cm 的沟，底部放入配方肥料，从上回填约 10cm 的土壤，覆土。

⑤装置横杆

在柱和柱之间以固定间隔横跨竹竿，用铁钉将其固定在各柱子上。

横杆是以头、尾交错方式装置的。连接竹子时，把一方的尾端插入下一根的开口中，而且要避免各段的连接处在相同位置，尽量靠近柱子连接为宜。

⑥栽植苗木

以固定的间隔把苗木放入预先挖好的沟里，把挖出来的土壤大致回填，之后注水，用细棒轻轻捣实，让根和土壤融合。等水被吸收后，再回填剩余的土壤，轻轻踏实根的周围，整平地面。

苗木的距离虽依树种而

异，但基本上以 1.8m 栽种 6 棵为标准。

⑦装置竖杆和顶部横杆

在苗木和苗木之间，以和间柱等高的长度竖立纵杆（竹竿的末口保留节切断而成）。接着，在⑤装置的横杆上，像夹住苗木一般，横向再架一根横杆，并在和纵杆的交点上，使用棕榈线绑住。到此算是大致完成。

⑧修齐苗木顶部

最后把苗木的顶部修剪整齐，而且把周围的残材、屑片等处理掉。

◆树篱的养护

树篱的美丽在于可修剪成整齐的形状。而且，枝叶通过修剪可长得更茂密，防止内部太稀疏。不过，若不修剪，树枝会往上伸展，并由下方逐渐往上枯萎，或者内部变稀疏。

苗木在长到目标高度前可以任其头部伸展，但这期间为了促进横枝密生，需要修剪枝尖。

等枝叶密生到一定程度之后，才把逐年都会成长的枝尖修剪成需要的形状。

修剪的次数至少每年两次，即在春天长出的枝停止成长的梅雨季节，以及秋季各进行一次。若是茶梅、山茶花等花木，则可在花期结束后马上进行。

修剪时，可在树篱两端拉水线等，大致决定修剪的高度和宽度。

先修剪侧面下部，决定下摆宽度后，再依序往上修剪。每年都进行修剪的树篱，以新梢和前年枝的分界点为修剪基准。之所以要先修剪下部，是因为下枝的生长不比顶部旺盛，而且也较不易萌芽，若从上部修剪而不慎修剪过度，可能从下枝往上枯萎。因此，先修剪下部有防范意味。

接着，以水平方式修剪顶端。通常全部修剪后，要拿掉水线，综观全局，然后再做局部的修正（图②、图③）。

最后，把落叶清扫干净。同时，除了修剪外，在 2~3 月期间还要用油粕、配方肥料等进行施肥，并防止病虫害的发生。

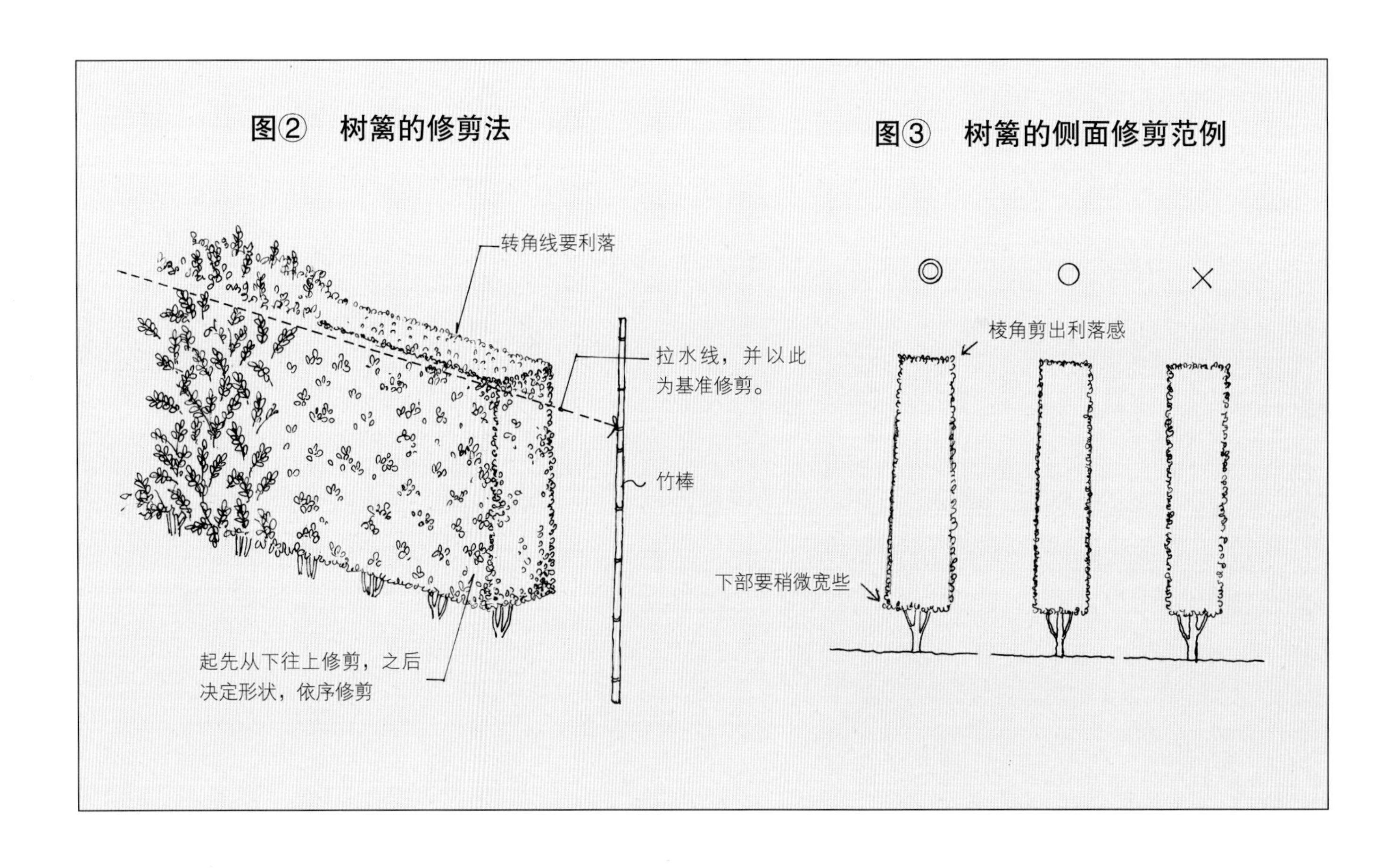

树篱的种类

修剪整齐的黄杨树篱。因萌芽力很强，故耐修剪，可整理出美丽形状。

黄杨的树篱。黄杨类似罗汉松，但叶形整体，看起来较大。

五月杜鹃的树篱。虽然不同花色和形状的品种相当多，但都十分耐修剪。

枸骨的树篱。耐修剪，无论用于中高树篱、低树篱或境栽树篱等都适合。

连翘的树篱。开黄色花朵。耐修剪，也不怕大气污染。

蔓生玫瑰的树篱。树势强壮，开深粉红色的花朵。

黄梅的树篱。长叶前会开黄色花朵。因萌芽力强，故枝条又可引到栅栏做成树篱。

竹篱　以竹为素材的添景物。最适合用于区隔、掩饰或当作重点的景物

以竹为主要素材制作的篱笆总称为竹篱。这种竹篱，因使用的材料不同，可变化出各种造型。

◆竹篱的分类（图①）

竹篱大致分为透光篱和遮蔽篱。

透光篱中间有空隙，可看到对侧，主要当作内篱，或用于区隔，或者当作背景等用，包括四目篱、金阁寺篱、龙安寺篱、光悦寺篱、矢来篱等。

遮蔽篱中间没有空隙，除了设计为外篱和使用在用地外围外，也可当内篱用来区隔需要遮蔽的空间。另外，亦可当庭院造型的背景。除了自古闻名的竹穗篱、建仁寺篱、桂篱、大津篱、纲代篱、御廉篱、木贼篱、铁炮篱等外，还有许多有特色的竹篱。

图①　各种竹篱

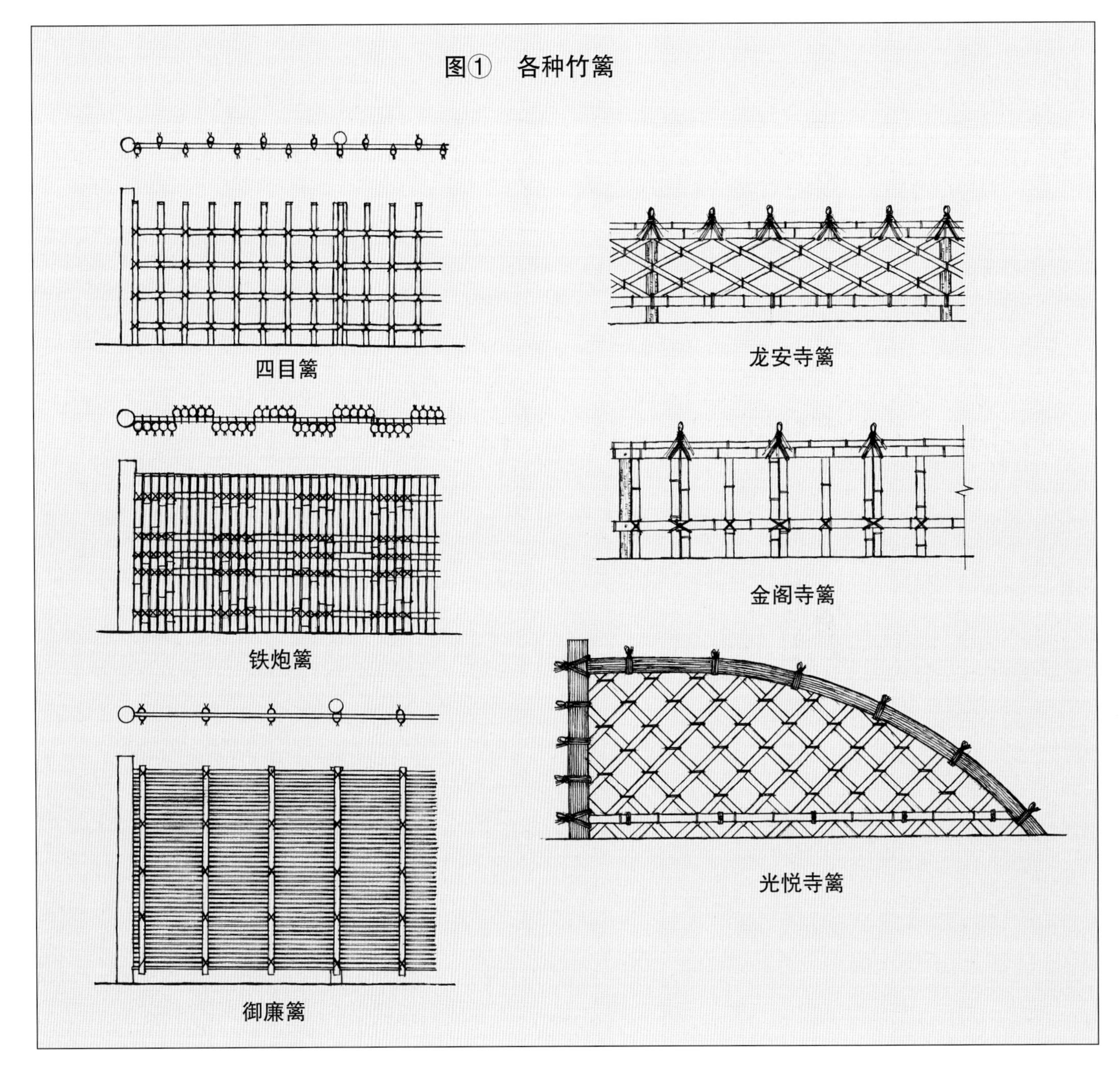

竹篱的种类

当作外篱的大型网代篱。把细竹片编织成网状，再镶边、用夹条固定而成。

使用粗圆竹竿制作的铁炮篱。

使用颜色不同的竹片编成网状，成为有图案的网代篱。

放在石墙上的竹枝篱。竹枝朝上重叠数层，使上部成扫帚状，再用两段竹竿夹住固定。

使用漂白的细竹竿，做成类似竹廉状的标准型御廉篱。上部加入几根黑竹竿装饰，再以木板镶边。（设计／三桥一夫）

把细竹片组成细菱格子的小型光悦寺篱，适合庭院添景用或作为侧篱。

古式竹枝篱，把整束的竹枝交叉组合，其叉开的竹枝模样十分有特色（设计 / 吉河功）

设置在石墙上的标准形式的竹枝篱。顶部还有竹片和板材镶边。

下部铺垫石块的 4 段夹条竹枝篱。竹枝篱使用成束的竹枝做成，上部稍微分叉的竹枝。

使用树木细枝做成的围篱。上面加盖屋檐，显得很气派。

应用四目篱做成结构有趣的区隔篱。变化纵杆的高度，在重点处设立拱门，相当别致。

正统挂篱，在等间隔排列的纵夹条顶部镶边为其特征。

沿着通道，设计成蜿蜒状的金阁寺篱。部分的篱笆采用倾斜结构，试图把视线自然导入庭院。

把烧焦的柱子故意展现的单面型建仁寺篱。篱上下等间隔地横跨夹条，再镶边。

设置在高石墙上当作外篱的建仁寺篱。除了横跨的 3 段夹条外，篱顶端还镶边。

设置在建筑物角落的萩袖篱。除了区隔庭院景色外，篱也是重要的添景物。

设置在正统铺瓦屋檐下面的南禅寺篱。主要部分使用漂白的竹子，部分插入其他材质。

沿着面对正殿的石阶制作的龙安寺篱。龙安寺篱将切成两半的竹片组合成菱形。

有简易木板作为檐的钓樟篱。横跨的夹条也是使用成束的钓樟材。

飞石　借助石块种类和施工方法，把步行空间布置得多彩多姿

石块常和铺石等搭配用于制作日式庭院通道的飞石，现在不仅使用在日式庭院，还能借助素材种类和施工方法活用在西式庭院或者公园里。

飞石是装饰步行空间的要素，和铺石一样拥有重要地位。

◆飞石的分类

●依形状、大小区分

一足用：只能容许一脚踩踏的大小。直径30~40cm。

二足用：足够两脚一起踩踏的大小。直径40~60cm。

臼石：利用原本用来磨粉的石臼当作飞石，但最近多半用新造的模具产品。

伽蓝石：使用古寺建筑物柱下的基础石，上面配合柱子的大小加工成型的种类。多半较大，故一般当踏分石使用。

短笺石：加工成长方形的石块，因其形状和书写诗歌等的短笺相似而得名。

●依形式区分

真：用切石做的飞石的总称。

行：用大石块做的飞石的总称。使用大块的自然石，或把自然石部分加工成石块。大小通常是40cm~100cm。

草：用小石块做的飞石的总称，多半直接使用自然石。

其实，行和草很难明确区分，而且造景时也常会混合大小不一的石块。

◆铺飞石的场所

①从正门到玄关门廊的通道。通常会使用切石型的飞石。

②前庭的通道（主要是铺石道）到主庭的通路。

③从建筑物前的露台等处连接其他设施，如庭门、石灯笼、水钵、拱门、池塘等的通路。

④观赏庭院的回游通路。

⑤协调整体景观的建筑物前的平面空间。

⑥跨越流水的通路。

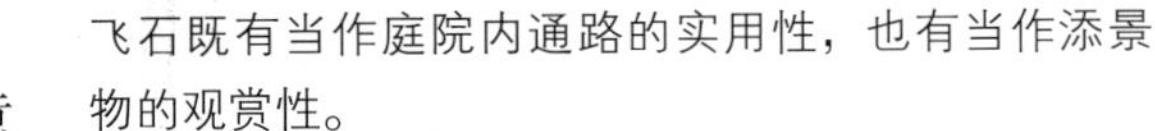

飞石既有当作庭院内通路的实用性，也有当作添景物的观赏性。

◆飞石的材料

只要表面平坦的任何材质都可当作飞石的材料，但配合打造场所的风格和景色来决定材质也很重要。

在选择飞石材料时，并非任何种类都能合乎理想，必须注意下列几点。

①飞石上面（顶端或是踏面）务必平坦，面积需要$20cm^2$以上，方便行走。

②中央没有凹洞，有凹洞必然会积水，故不适合使用。

③磨损较少，而且厚度在10cm以上。

④最近的市售品几乎没有自然石，多半是加工品，故要选择加工较自然的为宜。

切石等加工石有花岗岩的板状切石、大谷石（凝灰岩质）、白川石（花岗岩质）等直方体状的切石。

人造石、混凝土制品加工后可以制成人造飞石、混凝土装饰平板等。

除此之外，也有使用枕木或人造枕木等的情形。

◆飞石的设计和铺法（图①）

飞石是为了方便步行而打造的，因而舒适感十分重要。同时飞石也是庭院造景上的重要元素，故务必做得漂亮才行。

古人曾说，以飞石的用途而言，有人主张行走占六分，造景占四分；也有人主张行走占四分，造景占六分。两种观点都以实用性为基本，同时也相当注意美观性。若只单纯要求容易行走的飞石，只要实际走走看就可决定位置，即可简单完成，但若要讲究美观就有些难度了。

飞石的铺法因其大小、形状而变化多端。自古就闻名的铺法有直铺、千鸟挂、二连铺、三连铺、二三连铺、雁挂、筏铺、大曲等，也可依据飞石材料的形状自由设计。

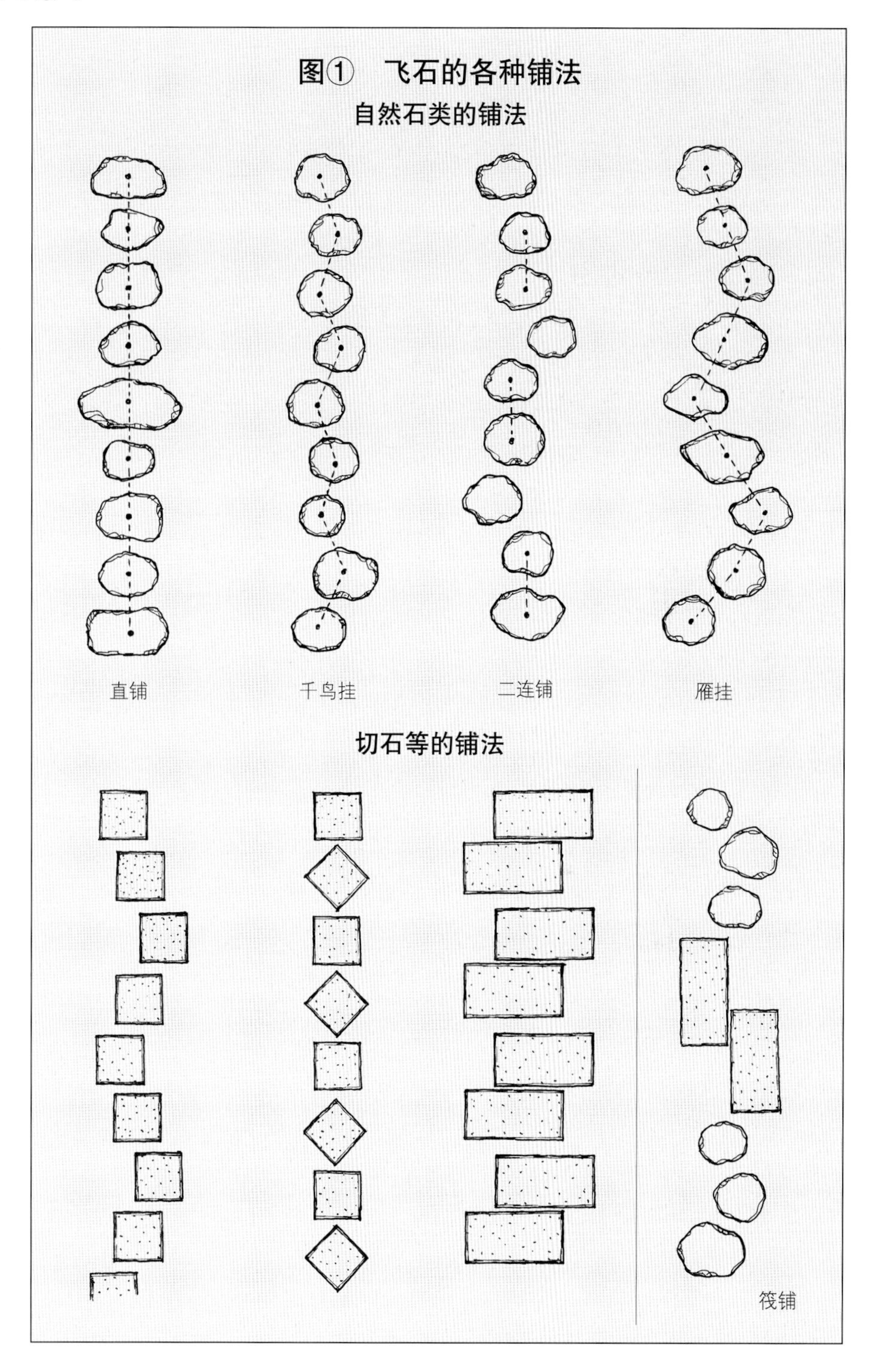

◆飞石的铺法和要点（自然石类的情形）

①决定设置位置

预先在规划图上设计好飞石的位置和方向，计算必要的块数，最重要的是要能衬托周围景色。

②搬入材料

把材料搬入事先确定好的位置，依据大致间隔配置看看。

③暂时配置

先观察走在各飞石上的感觉，以及景色、大小、连接是否协调（包括石块形状的凹凸协调），再决定配置位置。飞石和飞石的间距以 10cm 左右为标准，可依据石块的大小、形状、铺法适当加减。

步宽（从飞石的中央到另一飞石的中央）以 50cm 左右为基准。茶庭等一般采用 40~45cm 的距离（图②）。

配石上应注意：a. 横长的石块别打成二字形；b. 行走的路径别交叉成十字形；c. 别连续配置同形、同大小的石块，要大小参差使用；d. 分叉点要使用较大型的石块（例如伽蓝石等）（图②）；e. 无论石块大小，步宽要保持相等为宜；f. 干线和支线要能明确分辨；g. 别把长方形石块的长端朝前进方向（亦即纵长排列）等。

④正式配置

接着把暂时配置的石块稍微挪开，然后依据石块的形状、厚度、完成后的顶端高度等进行挖坑。再把飞石移入坑里，用水平器观察和其他飞石是否处在同一水平线上，以锁定高度。离地高度以 3~9cm 为基准，但可依据石块的大小加减。通常茶庭的飞石较低，一般住宅庭院的飞石较高。

之后，充分压实飞石周围的土壤和飞石里侧的土壤，以免踩踏时会摇晃不稳。若能在配置位置的四角垫些小石头、混凝土块，将会更牢固。同时要注意原木水平的飞石在填土时可能有被推高的情形（图③）。

结束填土和压实作业后，再次使用水平器确认水平，有差错时立即矫正。

⑤摆放各个飞石

同法，依序配置各个飞石。

⑥完成

最后整平周边的土壤，用水洗掉飞石上的污物等。

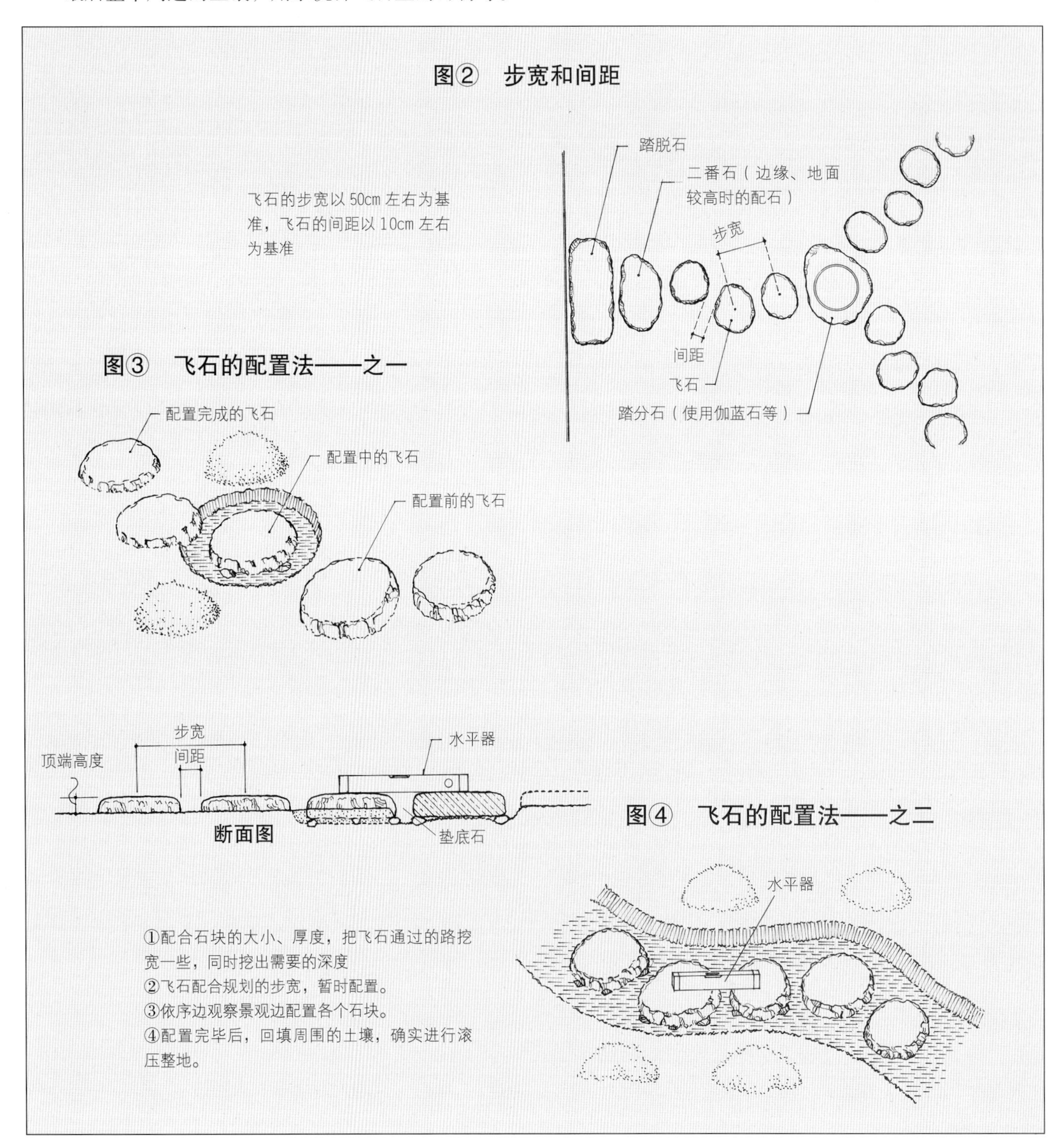

飞石的种类

在青苔中不规则地嵌入大小不一的自然石，形成自然感十足的散步路径。（设计/三桥一夫）

途中配置大椭圆形的飞石，让行进的景色呈现变化。

在排水沟旁的石子上添加飞石，成为屋内外的接点。

配置在屋前的飞石。组合大小不一的自然石，呈现活泼的风格。

配置在园路中途的筏铺切石是重要景点。

铺砂中巧妙配置大石块形成飞石，而旁边的小石块则有协调景色的效果。

露地配置飞石，看起来十分沉稳舒畅。

配置在飞石园路途中的自然石铺石，是效果显著的道路景点。

设置在露地中门附近的飞石。

枯山水庭院一角的切石飞石。这种铺法称为“鳞铺法”。

在白砂空间中，使用大石块和小石块以“千鸟挂法”铺法左右交错配置，形成平衡性良好的飞石。

设置在走向露地蹲踞通路上的飞石。

把小飞石聚集成一块飞石的配置手法。

设置在宽大庭院空间的大型踏分石，成为飞石的重点景观。

铺石｜以自然石或切石布置出美丽的色彩，排列出趣味性

前往京都的寺庙，会发现从其参道或大门走向玄关的通路都有美丽的铺石。仔细欣赏，图案多彩多姿，各具特色，风情万种。

所谓铺石是指以各种设计把自然石或切石等铺成平面形状的手法。随着茶道流行与人们普遍建茶庭之后，铺石成为庭院要素之一。

在古文献上，铺石又称为叠石、石段、石叠等。另外，“延段”这个用语，虽然在古文献上看不到，但从文意可推测是指在一定宽度以直线（包含缓曲线）状延长成形的铺石。

◆铺石的特性

①和飞石不同，铺石通路整体很平坦，步行不易打滑，适合作为步道。

②依据素材种类、铺法、组合法等，可采用各种设计，能欣赏色彩之美和配列之美。

③借助相应的素材，可呈现大气、厚重感。

④有区隔功能，用来区隔草坪和铺砂等空间。

◆铺石设置的场所

①从公路、正门走到玄关的通路。

②连接庭院内各个部分的通路，如从起居室等前往其他房间的通路。

③当作屋檐内、露台等连接建筑物的部分。

④不仅可当作庭院内的通路，也可配置成景点。

铺石依据不同的贴法、组合法，可有各种创作设计。
（设计 / 三桥一夫）

◆铺石材料的选法

进行铺石前，首先要选定材料，可选择铁平石或切石等，定下设计的基调。或者先决定设计方案再选择材料也可以。

无论如何，到商店购买材料时，因使用场所不同，即使材料种类相同，也要选择不同形状的，具体请留意下列几点。

①中间用的石块必须有一面具备较大面积的平坦部分。

②凹凸要少。尤其是大石块，要避免有凹陷部分。

③避免会打滑。

④质硬耐磨损。

⑤石块的色彩不可太华丽，以稳重为宜。

⑥边缘用的石块，要有两个面的内角呈 90° ~100° ，亦即接近直角面。角落用的石片，要有三面内角接近 90° （图①）。

◆铺石的材料

切石类：花岗石（俗称御影石）、安山岩、丹波鞍马石、丹波铁平石、铁平石、侏罗石等进口材料。

自然石头：伊予青小判石、秩父青小判石、木曾石、伊势小圆石、淡路小圆石，那智黑石等。

◆铺石的设计分类（图②）

●依材料区分

切石铺　用部分或全部加工过的石块铺成，完成后相当整齐。

自然石铺　用未经人工加工的自然石铺成。

寄石铺　把切石、自然石加以组合铺成。

●依材料使用法区分

布铺　切石所使用的铺法，缝隙朝一定方向。

文样铺　把自古以来的文样用在铺石上，只用切石的铺法。较具代表性的是龟甲铺。

乱铺　切石、自然石都可使用的铺法。缝隙无规律，以随意的形状完成，使用最广泛。

●依有无缝隙区分

分为有缝隙铺法和无缝隙铺法。

◆铺石的宽度

铺石的宽度，依据设计场所的宽窄、长短而异，但大体为45~180cm。延段以45~70cm，屋檐内以70~120cm为标准。

◆铺石的结构

铺石的结构如图③、图④所示，共有ⓐ、ⓑ两种方法。ⓐ是先铺基础用的栗石片、砾石等。压实，然后再铺水泥，摆放石片。ⓑ是先铺基础用的砾石片、砾石等，压实，然后从上浇注混凝土，再抹水泥，摆放石片。前者是使用厚石片，后者是使用薄石片的情形。

若是混合厚石片和薄石片设计铺石，先用ⓐ法摆放厚石片，然后再用ⓑ法摆放薄石片来完成。

◆铺石的施工（图③、图④）

①拉绳子

首先在特定的位置，根据预设的面积拉绳子。

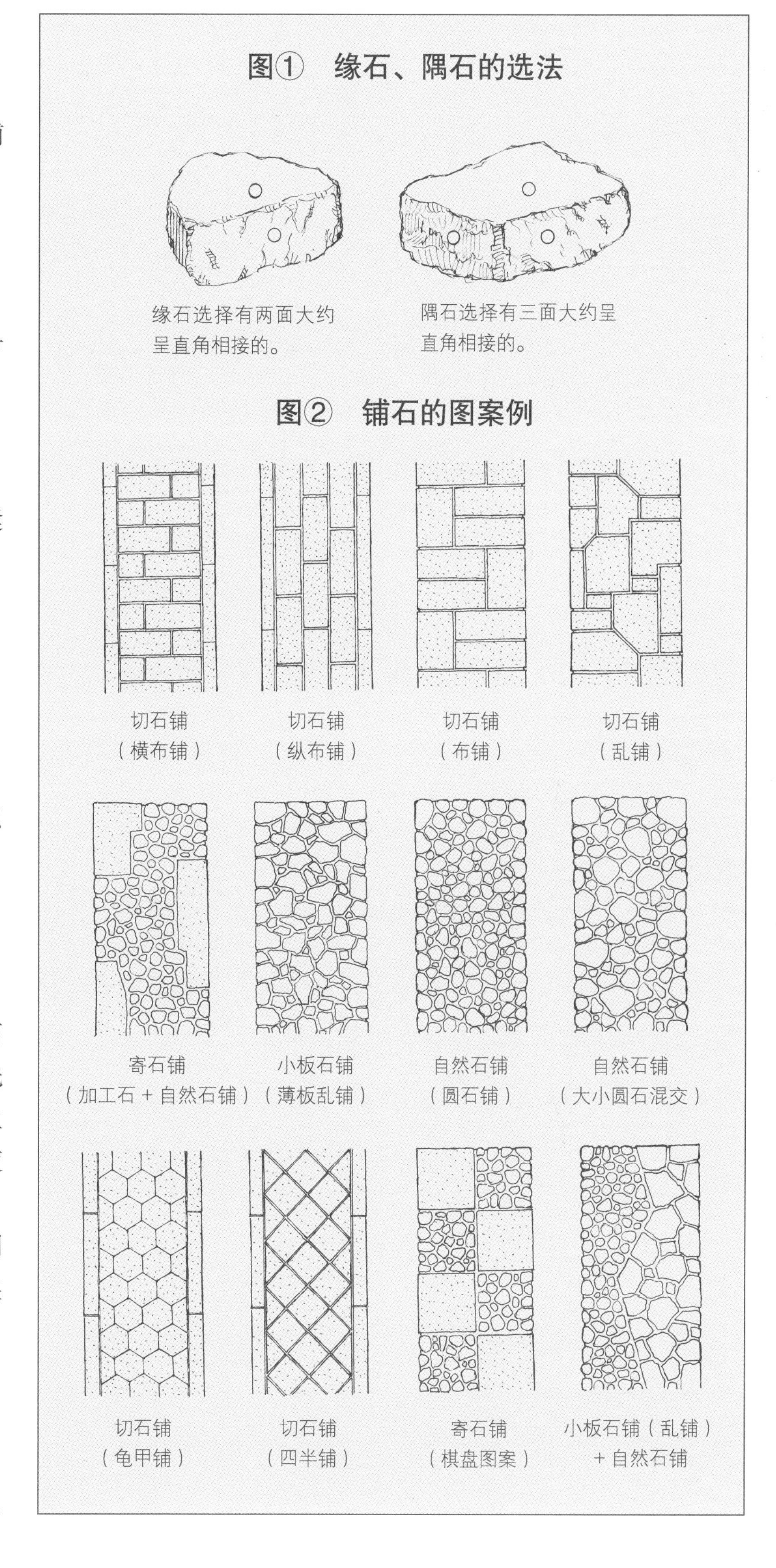

②开挖

把拉绳子的范围当作基准，以一定的深度开挖，挖出的面积比该范围略大。

③做基础

将开挖后的底层部分充分压实，接着从上铺满栗石片、砾石等，再次压实。如果是薄石片，在这上面依据一定的宽度设置模框，注入厚约10cm的混凝土，搁置1~3天。

④装置或贴石片

做好基础后，开始放置石片。首先在完成高度上拉水平线，再注入搅成略硬的水泥（以水泥1、砂2.5~3的比例），再放石片。上面用木板抵住，用铁锤（薄石片不用抵住木板，直接用木槌或橡皮槌）敲打，让石片下沉，配合水平线固定。同法，把石片依序铺上。原则上，石片尽量直接使用原形，但结合不良时，可部分加工使其吻合。此时，厚石片要使用切石机或凿刀、铁锤，薄石片则用专用铁锤等。

⑤预作缝隙

装置石片时溢到缝隙部分的水泥要削掉，补到不足的部分，把全部的缝隙整成一定深度。宽度较大的铺石，要朝外侧边做排水坡度边调整。

⑥填缝隙材

在预作缝隙上，依需要的深度填埋缝隙用水泥（准备白水泥、彩色水泥、墨色水泥等），然后用抹刀抹平(图⑤)。

⑦完成

最后沿着铺石回填土壤，把地盘整平。

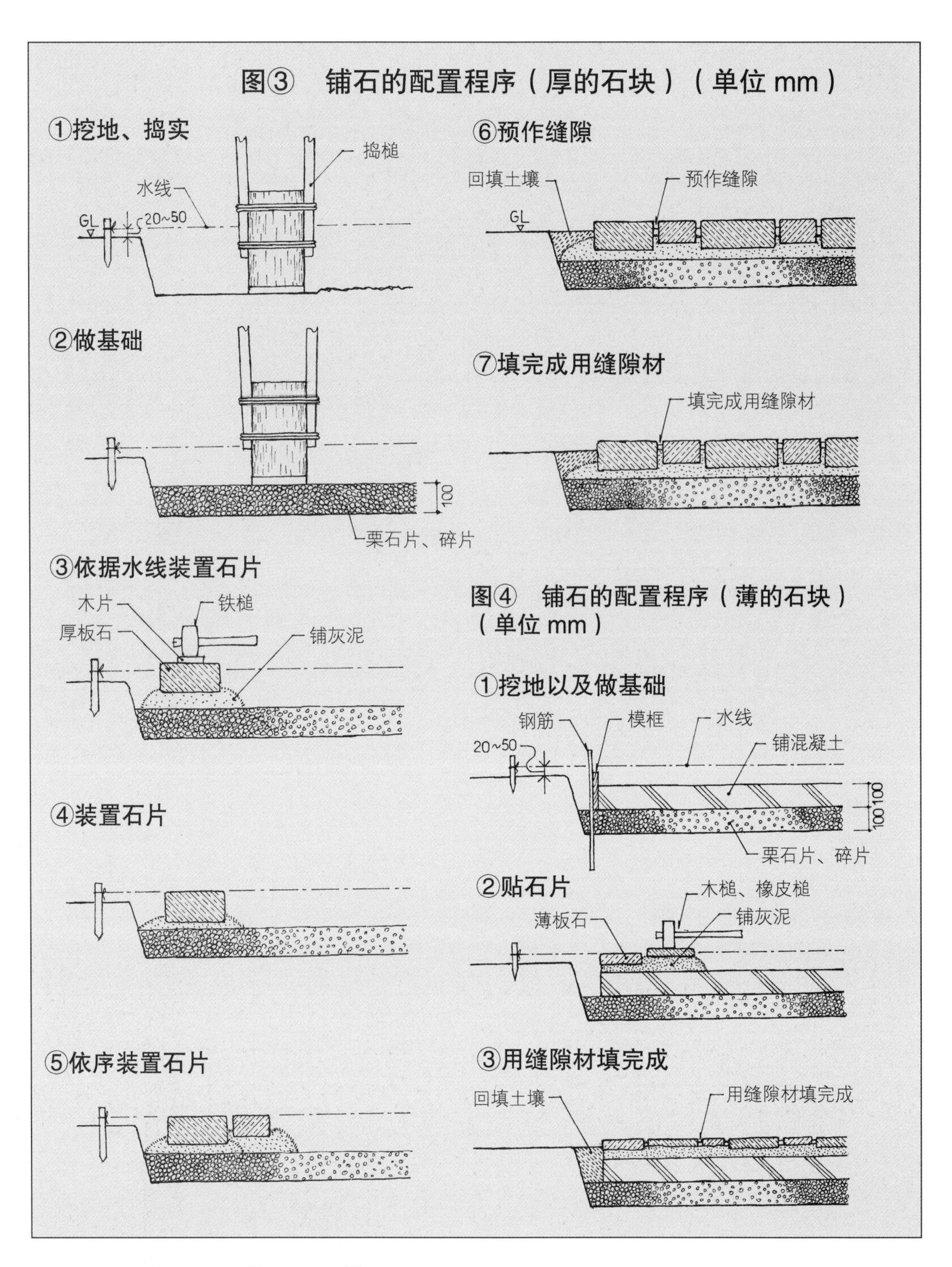

◆配石以及作业上的注意点（图⑥～图⑧）

●主要以乱铺（随意铺）为主，石片有大有小时，要考虑协调，先配置大石片、长石片，之后再用其他石片填补间隙。

●边缘和角落配置大石片，中间使用小石片较美观。

●虽说是乱铺（随意铺），但要注意不可把同大小、同形状的石块排在一起。

●缝隙要避免形成四字形缝隙（或十字形缝隙）、直线形缝隙（乱铺时）、8字形（乱铺时）等，用心组合石片（图⑦）。

●侧面避免看到水泥，而且必要时可用小石子或缘石，或者贴薄石片来修饰（图⑧）。

●附着在石片上的水泥，要趁早用水洗掉。

●缝隙稍微宽些较美观。一般是1~3cm，但可依据素材、石片大小来加减。而且缝隙的深度可以略深些，至少要在1cm以上。

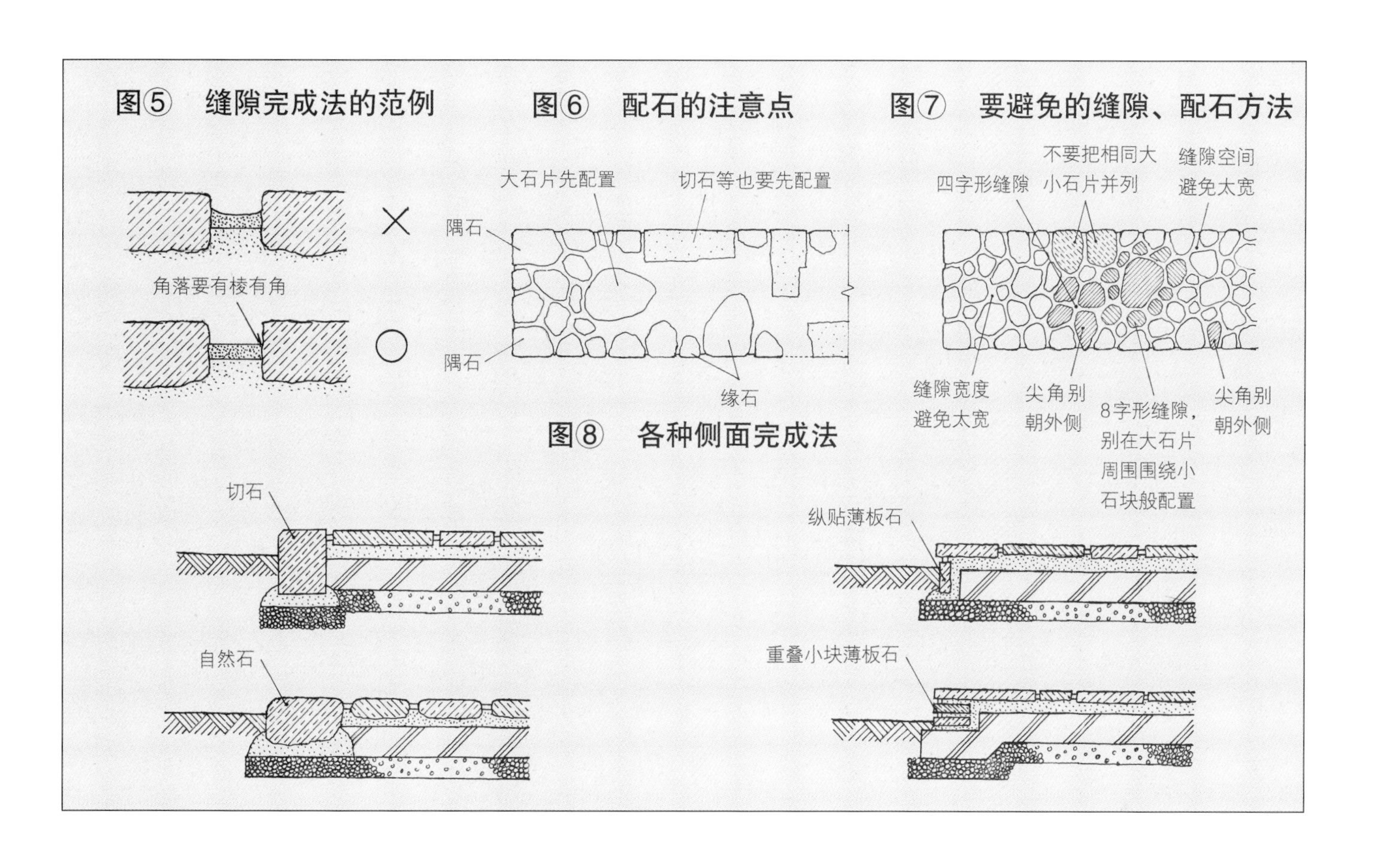

铺石的种类

两侧使用细长的切石做边缘，中间用大小不一形状不规则的切石乱铺所构成的铺石。

用加工成各种大小、形状的切石为主所构成的寄石铺石，其中 3 片连接的配石相当有趣。

这是把方形切石转 45° 角，用角和角相接排列的常见铺石结构。

用切石和自然石构成的寄石铺铺石，正面竖立复制型的柚木形灯笼。（设计/三桥一夫）。

随性配置大小不同的花岗石切石，然后在其间使用锈色砾石以水洗石方式完成的通道。（设计/三桥一夫）。

把大小不一的自然石组合而成的铺石，这是非常麻烦费工的作业。

在细长切石之间保留一些空间，留空处再铺切割加工过的自然石。

铺石也是庭院重要的添景物。石片在中间故意错开，可让铺石道充满变化。（设计/三桥一夫）。

切割加工大大小小的自然石，以边缘不整齐的形态铺成的乱铺型铺石。

使用切石的缘石布置两侧，中间则使用切割加工过的丹波石乱铺而成的铺石。（设计/三桥一夫）。

沿着屋檐内配置矩形切石和自然石（切割加工）的乱铺型铺石。（设计/三桥一夫）。

大胆又巧妙地组合大块矩形切石和细长形切石所构成的铺石园路。

均衡配置细长切石的寄石铺型铺石。
（设计/三桥一夫）

没有缝隙，以乱铺(冰裂缝隙)型完成的切石铺石。

配置在庭院内重要处的寄石铺型铺石造景。
（设计/三桥一夫）。

沿着气派的瓦墙所设置的铺石景色，这是用切割加工的自然石铺成的标准乱铺结构。

引导人进入玄关的铺石，主要特色是边缘虽是整齐的直线，但中间线条却是参差交叉的。

较有宽度的通路铺石。中央是由矩形切石所组合的乱铺型，两侧则以水洗完成。

露台

西式庭院不可或缺的户外聚会所，可用于连接建筑物，或在庭内独立设置均可

露台原本是西式庭院的构成要素，在日本称为“露坛”，指没有屋顶，会淋到雨，比地盘高一层的平地。露台一般设在连接建筑物出入开口附近，但也有独立设在庭内重点位置的情形。

◆露台的设置场所

①能充分获得日照的地方。
②能眺望美丽景色的地方。
③庭院的重点位置。
④连接建筑物房间等出入口的地方。
⑤连接池塘等构成要素的地方。
⑥园路等的中途。

用切割加工的自然石片，随意铺贴而成的圆形露台。

◆露台的分类

●**依设置位置区分**

附属形式：连接建筑物设置。
独立形式：在庭内独立设置。

●**依设置形状区分**

矩形：长方形、正方形。
圆形、八角形、六角形。
变形：不规则的形状等。

◆露台的结构和完成面材料

露台的基本结构，如图①，最下层是铺栗石片、碎石等加以压实，之后从上浇注厚度约 10cm 的混凝土，再贴各种完成面的材料。另外，侧面会依据露台的高度，砌小石子或贴薄石片装饰（157 页图⑧）。

完成面的材料有许多种，主要的种类如下。

●**自然石类**

铁平石、玄昌石、花岗石、大理石等。

●**人工石类**

砖块、瓷砖（地板用）、混凝土平板、装饰用混凝土平板等各种人工素材。

●**在现场完成的工序**

铺水泥、铺水洗石、抛光、铺砂砾。

◆建造露台的要点

●**露台的顶端高度**

以建筑物的地面高度为基准，下降 10~15cm。若建筑物的基础侧面有风窗的话，则以其下端为基准，下降 2~3cm 程度来决定。

同时，地面和露台的落差，若超过 20cm，就要设置踏石或者石阶等。

●**露台的长度**

露台的长度要比开口部的宽度略大些，有时依据房间结构，需要和建筑物等长。

●**露台的宽度**

并无硬性规定，但至少要在 1.5m 以上。如果为了聚餐，需要摆放桌椅的话，则露台宽度需要 2.5m 以上。

●**排水坡度**

露台需要有 1/100 的排水坡度。

◆露台的建造（图①）

①挖地

从完成的高度来倒算深度，进行挖地作业，将地基部分压实。

②打基础

铺砾石、碎石或栗石片等，然后再次压实。

③组模框以及浇注混凝土

依锁定的大小制作模框，浇注混凝土。

④装置边缘

搁置2~3天后，先装置边缘。砖块要小端朝上，如图般竖立排列。同时，因砖块会吸收水泥砂浆的水分，故使用前要先泡水，使其充分吸收水分。边缘装置完成后，在外围埋土。

⑤铺内侧的砖

接着，铺内侧部分。先拉水平线，铺上水泥，然后边把砖头侧面的细长部分朝上，边预留缝隙，使用木槌等将其固定于需要的高度。至于预留好的缝隙，用水泥砂浆填充到2/3满为止。

⑥填缝隙材

全面铺好之后，填入缝隙用材，用镘刀抹平缝隙。

⑦完成

去掉附着在材料表面的水泥等，整平周围的地面即成。

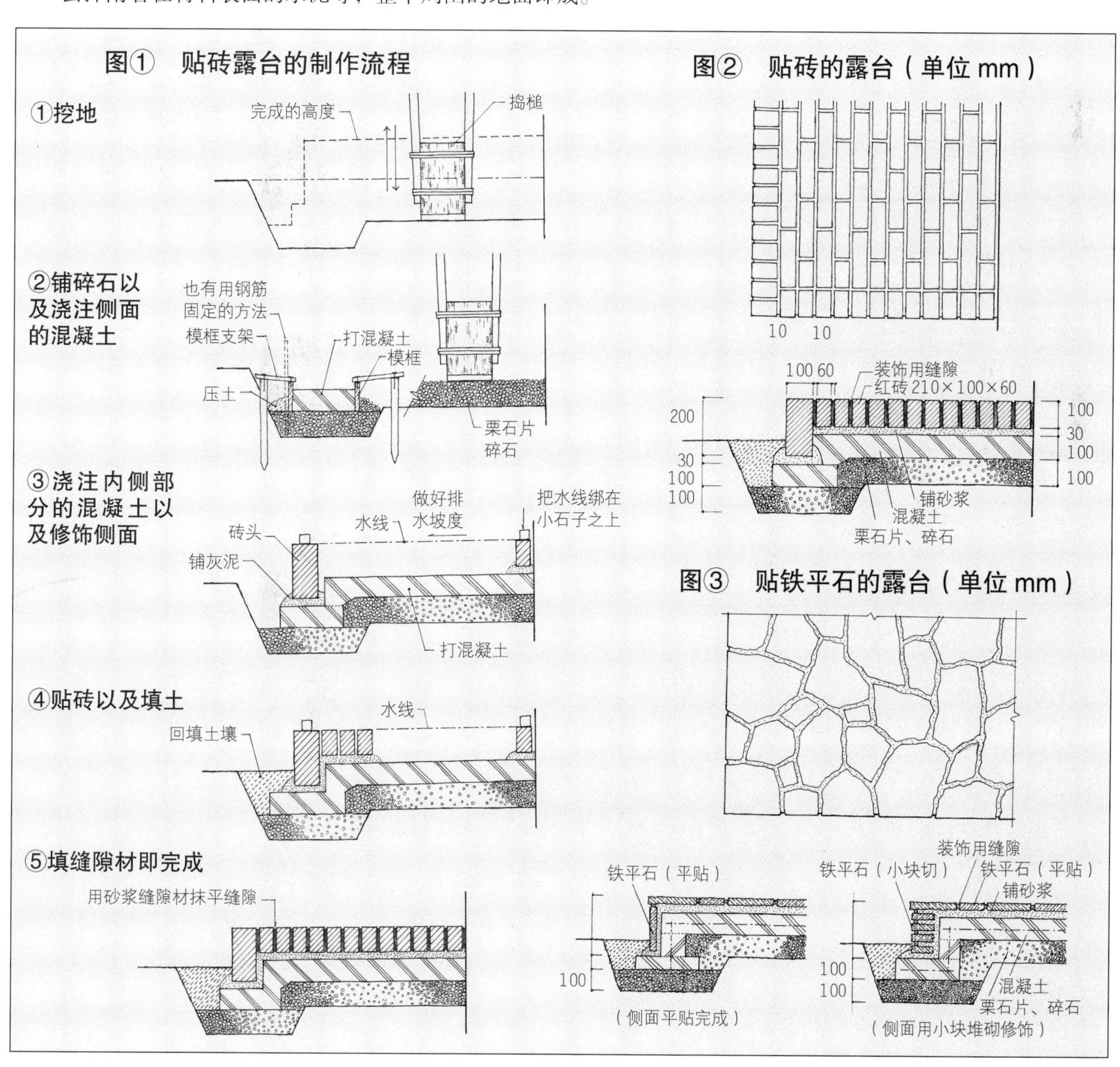

露台的种类

设置在庭院一角，使用切割加工过的自然石随意铺贴而成的露台。

设置在庭院中，用切割加工过的自然石随意铺贴而成的大面积露台。

把切石排列横铺的露台。（设计/三桥一夫）

以贴瓷砖为主，再搭配枕木、红砖的大露台。

用上面抛亮、侧面保持粗糙的大块矩形切石，搭配其他铺石的露台。（设计/三桥一夫）

在砌砖的矮墙上组合长凳，成为可以休息的空间，地面铺枕木。

设置在庭院中，使用一般装饰用平板石铺成的露台。由于和建筑物连接，故也可当作室外起居室使用。

沿着使用薄石板砌成的半圆形石椅，铺上随意切割的板石，为露台营造一个富有特色的休憩角落。

成为庭院观赏重点的圆形铺砖露台。

用墙做背景，连接建筑物的露台。在方形的大瓷砖中，可看见小瓷砖排列的装饰线条。（设计/三桥一夫）

采用枕木横铺而成的连接建筑物的露台。

拱门、格子架、藤棚、藤架凉亭

■拱门

拱门虽有半圆形、圆弧形、半椭圆形等形状，但成为庭院构成要素的拱门，是指如图①般上部是半圆形的隧道状拱门。

◆拱门的设置场所

拱门通常当作庭门，设置在庭院内区隔部位的出入口处，即区隔前庭和主庭的出入口部分，或者设置在从主庭到杂物场的区隔出入口处部分，但偶尔也会设置在正门的出入口处。

正统结构的木造拱门。攀爬在上面的是木香玫瑰。

◆拱门的构成材料

制作拱门的素材，分为单一素材的情形和组合两种以上素材的情形。主要的素材有木材、铝材、钢筋（铁材）、树脂、假木（人工木材）等。

◆拱门的制作

无论使用什么素材，其基本形状都是由柱子、罩子、拱形弧、横栈等所构成。

除了木材以外，通常是先依据各部位需要的尺寸、形状加以成型，然后加以组合。若使用木材，则需要下工夫制作上部的拱弧曲线。

用木材制作拱门时，若只用一片木板修成圆拱形，那不仅相当费事而且也不牢固，应该分几部分来连接形成圆拱形。

连接时要用榫接等方法，并在连接处加装铁制等的补强零件，即能完成坚固的拱门。

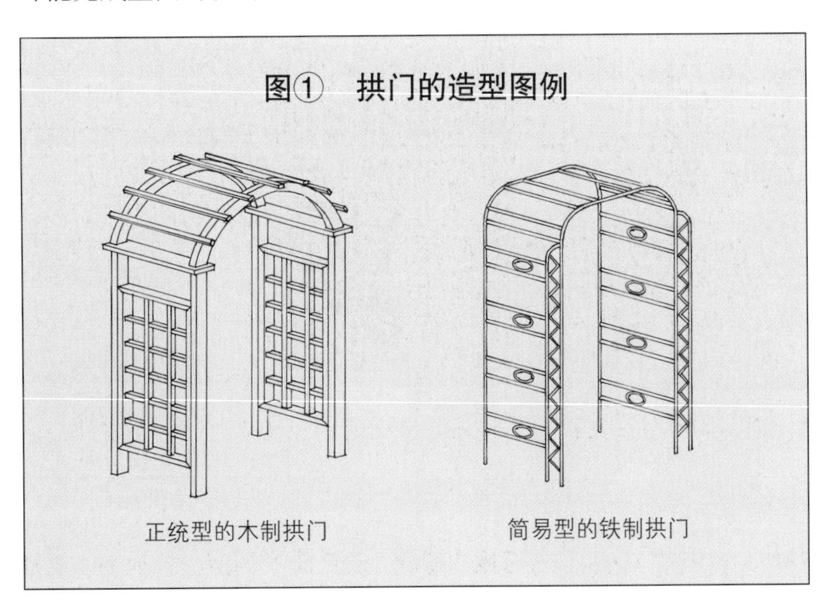

组合式的简易拱门。攀爬在上面的是蔓性玫瑰。

■格子架

所谓的格子架是指沿着花坛或外壁面，或者在庭中独立设置的装饰物，通常用细角材（小块材）以纵、横、斜方式组合而成。依据其组合方式不同，可构成各种款式，故常被用于庭院中。

格子架可攀爬蔓性植物，使人可观赏花、叶等，但也有单纯当作装饰或区隔用途的。

◆格子架的种类

●壁面格子架（图②）

一般提及格子架，多半指这种壁面格子架，是宽度比较窄的纵长形梯子状，设在建筑物的壁面或者出入口左右等，当作装饰。

●格子板

设置在中庭等的独立平面状架子，长度较短。

●格子栅栏（图③）

设置成篱笆、棚架的长形架子，用来区隔前庭、主庭等。

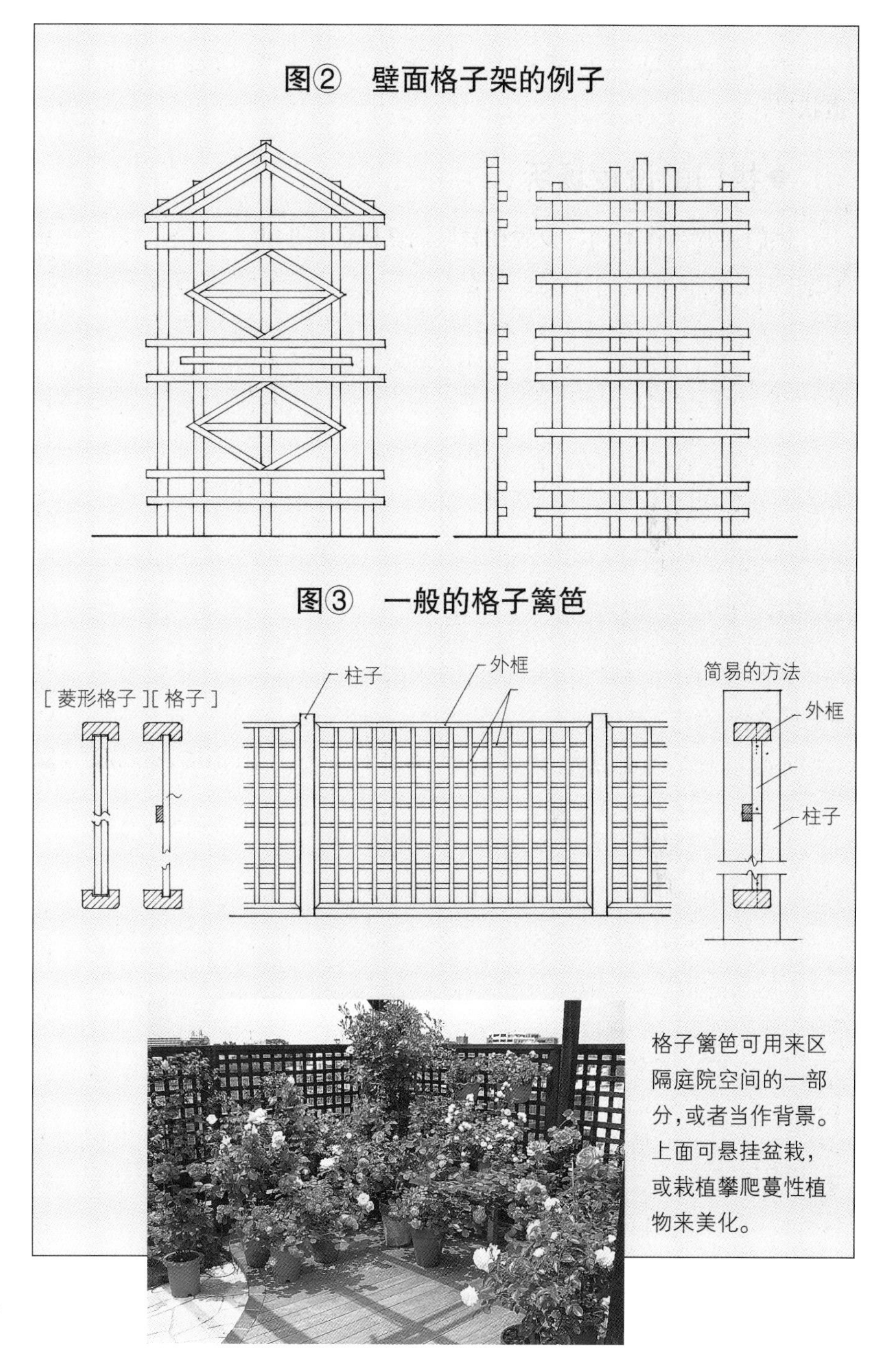

图②　壁面格子架的例子

图③　一般的格子篱笆

格子篱笆可用来区隔庭院空间的一部分，或者当作背景。上面可悬挂盆栽，或栽植攀爬蔓性植物来美化。

◆制作格子架的材料

制作格子架的主要材料是木材，但有时会并用铁材、铝材等。偶尔也有只用铁材、铝材的情形。最近还可发现树脂性的人工木材。

木材中以桧木最耐用，品质最优。其他可使用杉木、铁杉、柳安等。

◆格子架的制作

●格子篱笆

木造的正统作法是利用切槽和榫接来组合，但也有的是直接组合后，再用铁钉固定。前者是先组合格子，之后组装外框。后者是先把横材以水平固定在柱子等上，然后把纵材以平行方式组合成格子状，交叉点再打铁钉固定。另外，还有组合成菱形格子状的情形。

使用铁材等时，其交叉点要用螺栓、螺帽或者螺丝等连接零件加以固定。完成之后，最后上漆涂装修饰。颜色以白色最理想。

●壁面格子架

一般的做法是在平行排列的纵材上，把横材平行或斜向抵住，然后用木螺丝、铁钉牢牢固定。完成后，上漆涂装修饰。

■藤棚

为观赏蔓性植物，可使用圆木和竹子构成简易型藤棚。赏花用的藤棚通常配置在庭院内一角，但若设置在砂场上、露台上等，则兼具遮阳和避暑的效果。藤棚不仅可攀爬紫藤，也可攀爬葡萄、蔓性玫瑰等蔓性植物，用途相当广泛。

◆藤棚的结构和材料

基本结构如图④所示，先以一定间隔竖立柱子，然后把柱头和柱头连接起来。首先，架上梁（平面长方形的情形是指跨在短边的木材），其上把和梁直交的桁（平面长方形的情形是指跨在长边的木材）架在有柱子的地方，接着以格子状覆盖栈竹而成。

●柱、梁、桁的材料

有桧木圆木时，使用桧木方柱，虽然也可使用栗木圆木等，但一般使用桧木为宜。为了防腐，表面先烧过磨亮，再涂抹木馏油等防腐剂。

●栈竹

准备细苦竹（通称为唐竹），难以买到时，可用细圆木代替。

●其他的材料

除了以上的结构材外，也需要以下的材料。

扒钉、棕榈绳（染黑）、铁钉、螺栓与螺帽（没用螺栓、螺帽时，可用 L 形金属零件、T 形金属零件来补强）。

◆藤棚的标准尺寸

●柱子

高度（从地面到梁下端为止）普通为 2~2.5m。

间隔（柱间即柱子的相互间隔）依据栈竹的间隔，再观察梁、

藤棚可用来观赏紫藤花，也可用来缓和炎夏的高温。

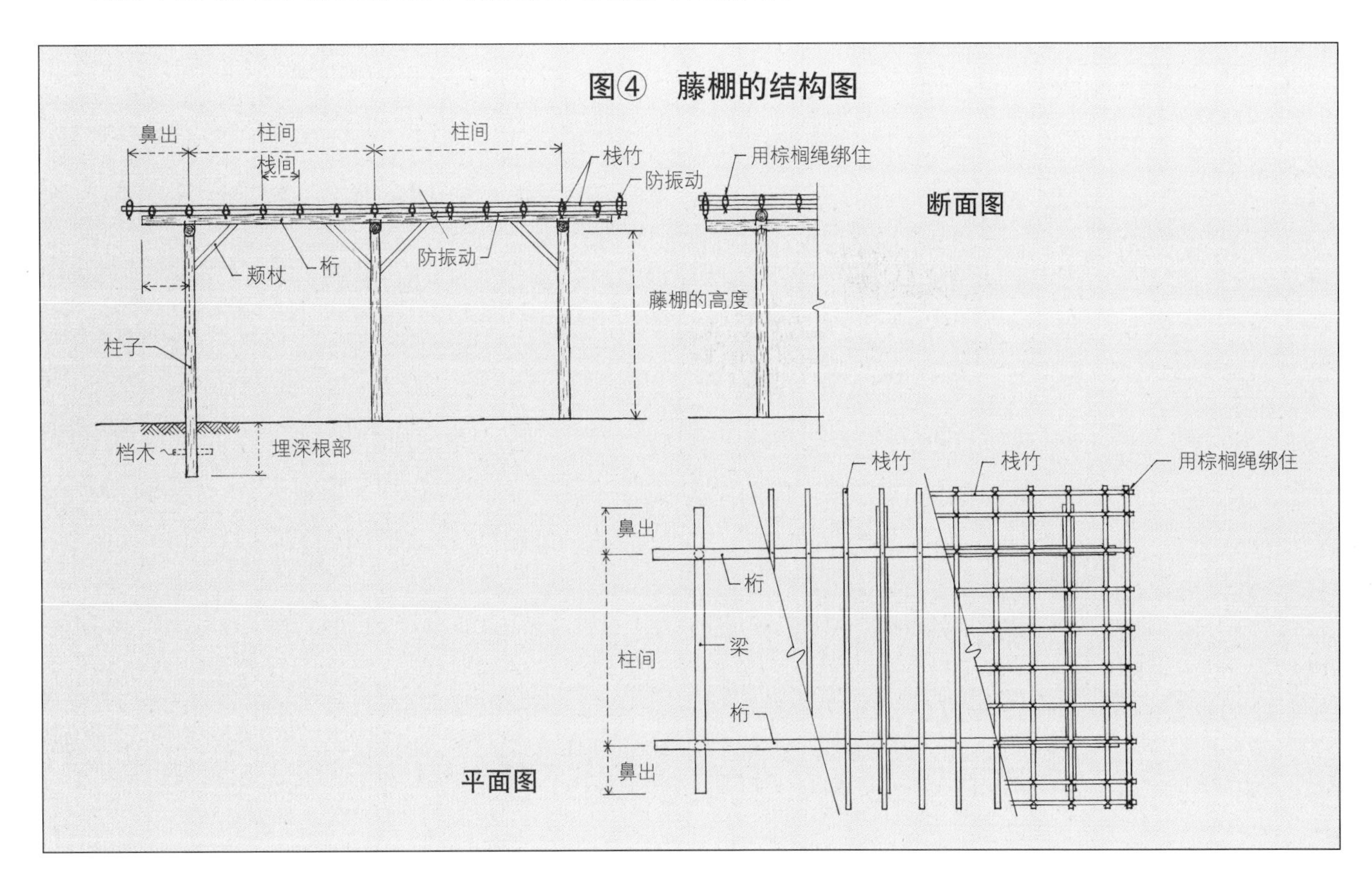

桁的强度关系，间隔在 1.8~2.1m 之间。也就是说，若栈竹的间隔是 30cm，柱子的间隔是 1.8m（30cm×6 倍）或者 2.1m（30cm×7 倍）。

埋深部分（从地面埋入地中的部分）要在 50cm 以上。

长圆木的长度虽会因藤棚高度而异，但大体为 3m，中等粗，直径大约 9cm。

●梁、桁

长度依据柱间的间隔决定。若间隔 3~4m，选择中等粗，直径大约 9cm。

●栈竹

间隔 30~45cm，但一般是 30~35cm。

材料粗度如前述，使用 12~14 支为 1 束的苦竹，细口端直径 3~4cm。

在假木制的骨架上覆盖竹格子屋顶的藤棚。从藤棚上长长垂下的紫藤花穗十分美丽。

◆藤棚的制作（图⑤）

①准备

在制作藤棚的场所进行整地。在柱材的头上（末口端）做榫，在埋深部分垫木材，依据锁定位置在梁上挖插榫的孔，附着在苦竹表面的污秽物等用水清洗干净。

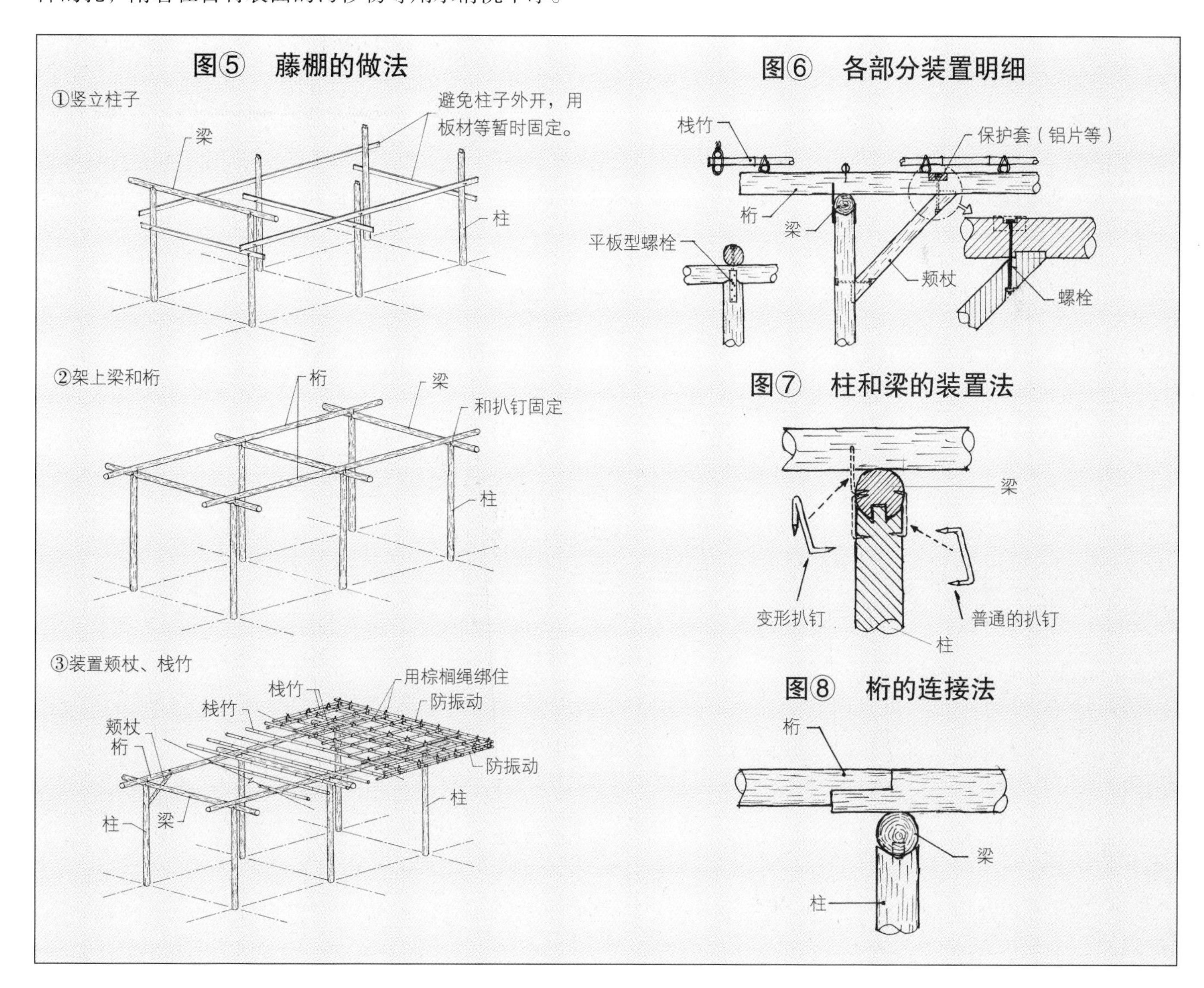

②竖立柱子

测量竖立柱子的位置，挖约 50cm 深的坑，竖立柱子，要注意四角落的柱子要竖立成四角形。同时让中柱和角落的柱子（隅柱）排成一直线。

③架梁

架梁连接各柱头，把柱头的榫插入梁的榫孔里，用扒钉固定（图⑦）。

④架桁

在梁和梁上架桁，用变形扒钉固定。注意顶端保持水平，连接桁时也以同法作业（图⑦、图⑧）。

⑤装置颊杖

有时为了补强，还要装置颊杖。

⑥装置栈竹

做好藤棚的骨架之后，以格子状覆盖栈竹。首先，在桁上做间隔记号，依照记号，装置下层的栈竹，用铁钉固定。接着，把上层栈竹依据间隔记号组合成格子状，原则上在各交点向下打结。另外，栈竹的头和尾必须交错，尾侧要比规定的尺寸要长一些。

⑦栈竹裁切整齐

最后拉水平线，把较长的栈竹末口以锁定的长度裁切整齐。

⑧栽植树木

配合藤棚的大小选择蔓性植物，栽种在柱子旁边，让枝干攀爬在藤棚上，并轻轻固定在栈竹上。

■藤架凉亭

和藤棚一样，是可攀爬蔓性植物或者可当遮阳棚的装置。

原本只是为了观赏蔓性植物，而用圆木等所搭建的粗犷棚状装置，之后却逐渐演变成装饰物之一，如今几乎和植物无关，主要当作庭院内的添景物来配置。

◆藤架凉亭的设置场所

●主庭的主要景点

独立设置在庭院内的一角，当作主要景点配置。

●园路的中途

配置在通路中途，或者园路交叉处上。

●沿着住宅等的建筑物

当作建筑物的附属装置，配置在住宅的南侧露台上等。

●在出入口部位上方

在正门或庭内的门等出入部分，设置所谓的藤架门。

◆藤架凉亭的基本结构

如图⑨所示，是由柱子、桁托（有时省略）、桁、梁、栈木（有时省略）所构成。

为了欣赏庭院风景而设置在庭院角落的木制藤架凉亭。

设置在通道上的藤架凉亭，侧面使用格子板。

使用方形柱子，以及平割材的桁和梁所构成的标准结构藤架凉亭。

●柱子

指柱体或者单纯的柱子。为了支撑桁以上的重量，必须牢固才行。柱子的材料多半使用容易加工的木材，但较大型的藤架凉亭是采用混凝土柱、金属管等来制作。

●桁托

饰物，有时配合结构可以省略。

●桁

在平行竖立两列的柱子上，或是横跨在其长方的柱头上，或者横跨在其桁托上的部材。有时使用 1 支，有时是 2 支。为了美观，桁材一般是以纵长形使用断面长方形素材。材质方面，木造以桧木最佳，铁材则一般使用方形管。

●梁

平行横架在桁上，和桁形成直角的部材。和桁一样，以纵长形使用断面长方形素材。

梁的配置法分为等间隔一支一支排列的情形，以及把 2 支靠近（所谓吹寄）为 1 组，再以等间隔排列的情形。

●栈木

横跨在梁上的细小部材，多半省略不用。

●頬杖

补强部材。

◆藤架凉亭的制作（图 ⑪）

藤架凉亭的制作方法，基本上和藤棚的制作方法（167 页）相同。若是木造，可能比较容易制作，但若是使用混凝土制造柱子的大规模工程，最好委托专业人士帮忙。

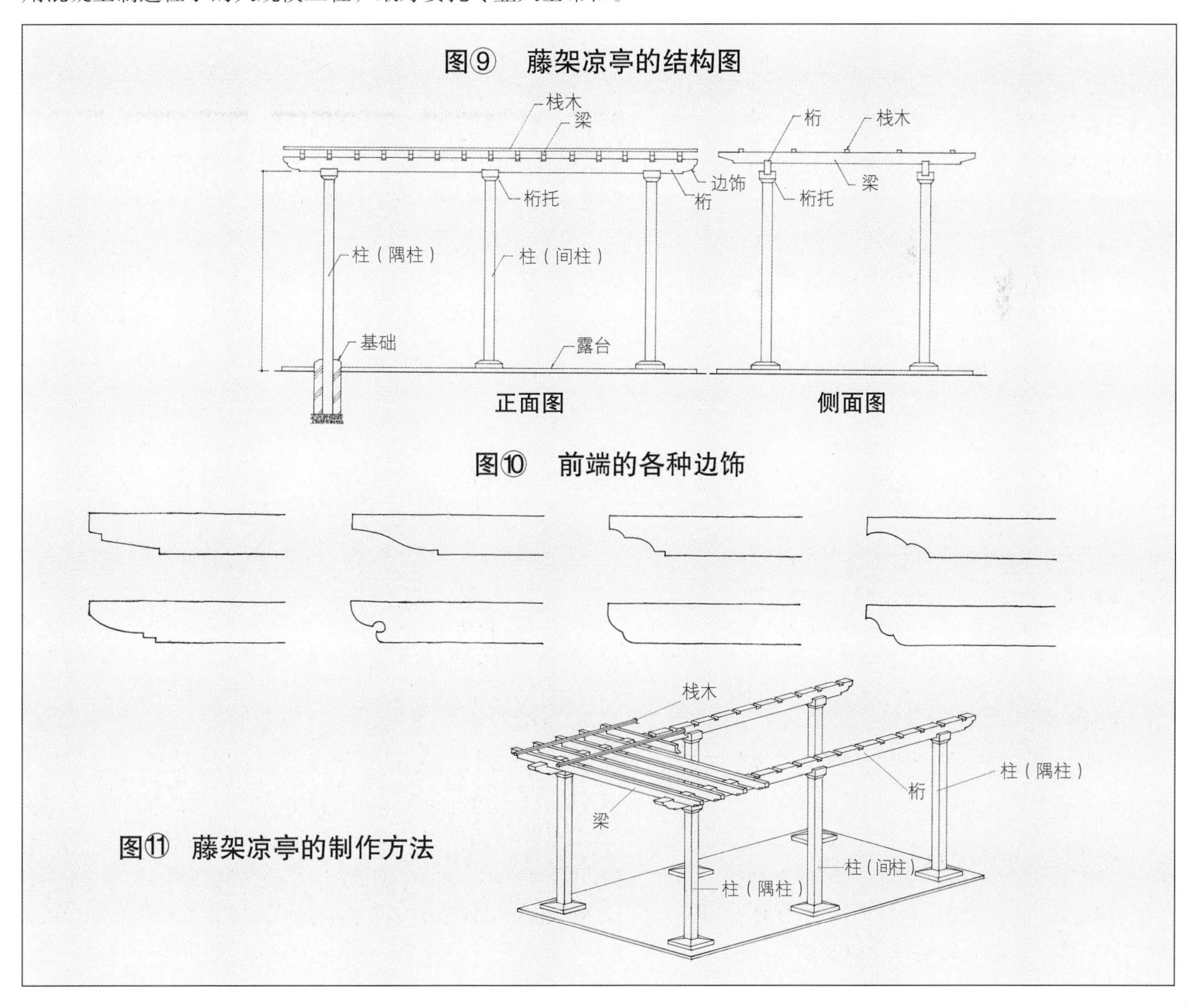

庭院用树木一览表

●常绿树

树木名	科名与形态	适地	日照	特点	花期、果期	用途
桃叶珊瑚木	山茱萸科阔叶低木	湿气的肥沃土	喜阴	讨厌干地，不耐剪定，生长略快，耐公害	花 4~5 月 果 12 月	在茶庭、建筑物北侧等的下木、固根、挡风
赤　松	松科针叶高木	干燥土壤，土质不限	喜阳	耐剪定，萌芽力强，可移植，怕公害	花 4 月 果隔年秋天	庭院的主木
马醉木	杜鹃花科阔叶低木	肥沃土、土壤不限	喜半阳	萌芽力强，修剪定，成长略慢，可移植	花 3~4 月 果 10 月	石组、飞石等的石附，固根
忍　冬	忍冬科阔叶低木	黏质肥沃土	喜阳	耐剪定，成长快，不爱移植	花 7~11 月 不结果	草坪庭院、石组或池端
青　冈	谷斗科阔叶高木	肥沃湿润土	喜半阴	成长略快，耐修剪，略怕公害	花 5 月 果 10 月	棒状合植或树篱
紫　杉	红豆杉科针叶高木	喜好湿地	喜阴	成长慢，可以剪定，不可移植，寒地可利用	花 3~4 月 果 10 月	主木、树篱，修剪庭院用
犬黄杨	冬青科阔叶小高木	土质不限	喜阴	成长慢，萌芽力强，耐剪定，可移植	花 5~6 月 果 10 月	玄关旁、树篱的造型树
罗汉松	罗汉松科针叶高木	土质不限	喜阴	萌芽力强，耐剪定，成长快，可移植	花 5 月 果 10 月	主木、树篱、防风篱
马冈栎	谷斗科阔叶高木	土质不限	喜阳	成长略慢，耐修剪，可移植，耐公害	花 5 月 果 10 月	主木、树篱、掩饰、修成圆形列植
大紫杜鹃	杜鹃花科阔叶低木	干燥砂质土壤	喜阳	成长略慢，耐剪定，树势强健	花 4~5 月 果 10 月	植栽、树篱、下草
龙　柏	柏科针叶高木	湿气的阴湿地	喜阳	成长略慢，不爱移植，耐公害，耐寒性强	花 4 月 果 10 月	列植或修剪成树篱
三裂树参	五加科阔叶小高木	土质不限	喜阴	树势强健，移植力强，不耐剪定	花 6~7 月 果 11 月	茶庭、建筑物北侧、玄关旁
光叶石楠	蔷薇科阔叶小高木	土质不限	喜阳	缺乏耐寒性，可以剪定，萌芽力强，成长快	花 5~6 月 果 10 月	树篱、遮掩
山月桂	杜鹃花科阔叶低木	肥沃深层土	喜阳	耐寒性强，成长略快，不可以剪定	花 5~6 月 果 10 月	单植在草坪庭院，避免混植
小叶山茶	山茶科阔叶高木	肥沃湿润土	喜半阳	成长略慢，不耐剪定	花 12~2 月 果 10 月	茶庭、盆栽前、固根
茄罗木	红豆杉科针叶低木	暖地砂质地	喜半阳	耐修剪，成长慢，怕移植，果实红熟	花 3~4 月 果 10 月	主木、树篱、石附、池端、草坪庭院
夹竹桃	夹竹桃科阔叶小高木	土质不限	喜阳	成长略快，耐剪定，耐公害，可移植	花 7~9 月 果 10 月	西洋庭院、草坪庭院，单植为宜
金木樨 银木樨	木樨科阔叶小高木	土质不限	喜阳	成长略慢，不耐剪定，移植力强，树势强健	花 9~10 月 果隔年 5 月	主木、遮掩、玄关旁或草坪庭院
黄杨木	黄杨科阔叶小低木	土质不限	喜阳	树势强健，耐修剪，缺乏耐寒性	花 3~4 月 果 10 月	花坛、玄关前边饰、石附
樟　木	樟科阔叶高木	土质不限	喜阳	成长快，萌芽力强、耐剪定，可移植，缺乏耐寒性	花 5 月 果 10 月	当主木单植在大庭院
栀　子	茜草科阔叶低木	土质不限	喜半阳	成长略快，不耐强剪定，香气佳	花 6~7 月 果 10 月	树篱、石附、盆栽前、固根、下木
铁冬青	冬青科阔叶高木	砂质土壤	喜半阳	成长慢，不爱强剪定，可移植，缺乏耐寒性	花 5~6 月 果 10 月	主木、植栽、遮掩
黑　松	松科针叶高木	肥沃深层土	喜阳	成长快，耐潮害、公害，耐剪定，可移植	花 4 月 果隔年秋天	主木、门盖
月桂树	樟科阔叶高木	肥沃土地	喜阳	成长快，萌芽力强，耐剪定，移植力弱	花 4~5 月 果 10 月	纪念树、树篱
金　松	杉科针叶高木	土质不限	喜阴	成长慢，怕公害，不耐移植、剪定	花 4 月 果隔年秋天	当主木单植或列植在茶庭或草坪庭院
侧　柏	松杉科针叶小高木	肥沃土地	喜阳	成长略慢，耐修剪，缺乏移植力	花 4 月 果 10 月	单植或列植在西洋庭院或草坪庭院
五叶松	松科针叶高木	肥沃深层土	喜阳	成长慢，不可强度修剪，移植困难	花 5 月 果隔年秋天	主木、点缀木、门盖
杨　桐	山茶科阔叶高木	肥沃深层土	喜阴	成长略快，耐修剪，移植困难	花 6~7 月 果 10 月	在茶庭、露地庭院当下木
茶　梅	山茶科阔叶小高木	土质不限	喜阴	成长略慢，怕修剪，耐潮风、公害	花 10~12 月 果隔年 10 月	遮掩、树篱
皋月杜鹃	杜鹃花科阔叶低木	湿气的深层土	喜半阳	树势强健，成长快，耐修剪，可移植	花 5~6 月 果 10 月	单植、群植、修剪造型、固根
花　柏	柏科针叶高木	肥沃的黏质土	喜半阳	成长快，耐修剪，可移植，略耐公害	花 3~4 月 果 10 月	树篱、列植、造型树
珊瑚树	忍冬科阔叶小高木	肥沃深层土	喜阴	成长略快，耐剪定，萌芽力强，略耐公害	花 6~7 月 果 10 月	树篱、遮掩、建筑物、北侧的植栽
锥　栗	谷斗科阔叶高木	排水好的肥沃土	喜半阳	成长快，耐修剪，耐潮害和公害，可移植	花 6 月 果 10 月	树篱、遮掩、植栽、防风、防火
石　楠	杜鹃花科阔叶低木	土质不限	喜阳	成长慢，厌恶剪定，萌芽力差，移植力弱	花 5~6 月 果 10 月	植栽前面、池端、石附

树木名	科名与形态	适地	日照	特点	花期、果期	用途
车轮梅	蔷薇科阔叶低木	土质不限	喜阳	成长略慢，不可剪定，耐潮风、公害	花5月 果10月	单植、固根、合植、遮掩
青栲	谷斗科阔叶高木	黏质肥沃土	喜半阳	成长略快，耐强修剪，怕公害	花5月 果10月	树篱、高篱、防风篱、遮掩
瑞香	瑞香科阔叶低木	湿润弱酸性土	喜阳	成长略慢，讨厌剪定，萌芽力弱，移植困难	花3~4月 果7月	门前、石附
杉	杉科针叶高木	排水好的肥沃湿润土	喜阳	成长快，萌芽力强，耐修剪，怕公害	花3月 不结果	主木（单植、群植）
西洋杜鹃	杜鹃花科阔叶低木	湿润的土地	喜半阳	树势强健，在寒凉地会开美丽的花	花5月 果10月	单植、植栽的前面
铁树	铁树科针叶低木	干燥的暖地	喜阳	成长慢，耐潮风、公害，讨厌湿地，可移植	花6月 果10月	单植或合植在西洋庭院或草坪庭院
长叶松	松科针叶高木	肥沃的土壤	喜阳	开始成长慢，之后会加快，不耐剪定，移植困难	花4月 果隔年秋天	当主木单植在大庭院、草坪庭院
广玉兰	木兰科阔叶高木	肥沃有水质的土壤	喜阳	成长略快，不可剪定，移植力弱	花5~6月 果11月	当主木单植在大庭院
黄叶扁柏	松柏科针叶高木	肥沃的湿润地	喜半阳	成长慢，耐轻度剪定，移植困难	花4月 果10月	当主木单植、群植、列植、遮掩、树篱
黄杨	黄杨科阔叶高木	碱性土壤	喜半阳	成长极慢，可以剪定，缺乏移植力	花4月 果10月	庭院的主木
杜鹃类	杜鹃花科阔叶低木	土质不限	喜阳	成长快，树势强健，耐剪定	花5~6月 果10月	单植、群植、修剪造型
络石	夹竹桃科常绿藤木	土质不限	喜半阳	成长略慢，耐剪定，萌芽力强，树势强健	花5~6月 果10月	攀爬在拱门、格子架、篱笆
海桐	海桐花科阔叶小高木	肥沃的湿润地	喜阳	成长快，树势强健，具有移植力、萌芽力和剪定力	花6月 果10月	单植在池端、草坪庭院或当树篱、防风林
南天	小檗科阔叶低木	土质不限	喜半阳	成长快，树势强健，不怕病虫害，是吉祥树	花6月 果10月	栽植在玄关旁、盆栽前等
香扁柏	松柏科针叶高木	肥沃的湿润地	喜阴	成长略慢，耐修剪，有类似柠檬的芳香	花5月 果10月	树篱、固根、门前
女真	木樨科阔叶小高木	土质不限	喜半阳	成长极快，树势强健，耐剪定，可移植	花6月 果10月	树篱、遮掩、防风
矮桧	松柏科针叶低木	干燥的沙质土	喜阳	成长略快，不耐剪定，缺乏移植力	花4月 果10月	栽植在石附、池端、门柱旁、围墙旁
坚荚树	忍冬科阔叶低木	土质不限	喜阳	成长略快，耐剪定	花3~4月 果10月	灯笼、蹲踞旁、露地庭院
滨柃	山茶科阔叶低木	土质不限	喜半阳	树势强健，有剪定力，耐潮风	花3~4月 果10月	植栽、遮掩、树篱、边饰
柊树	木樨科阔叶小高木	土质不限	喜阴	成长略慢，可以剪定，缺乏移植力	花10月 果隔年7月	树篱，单植修剪也可
十大功劳	小檗科阔叶低木	土质不限	喜半阳	成长快但不可剪定，有耐阴性	花3~4月 果7月	石附、下木、盆栽前、固根
齿叶木樨	木樨科阔叶小高木	土质不限	喜半阳	成长略慢，可以剪定	花10月 果不结果	树篱、列植
柃木	山茶科阔叶低木	土质不限	喜半阳	成长略慢，可以剪定，有移植力	花3~4月 果10月	树篱、遮掩、植栽
南五味子	木兰科常绿藤木	土质不限	喜半阳	成长快，树势强健，可以耐强度剪定	花7~8月 果10月	攀爬在棚架、篱笆
扁柏	松柏科针叶高木	干湿适中的地	喜半阳	成长普通，缺乏移植力，耐剪定、整枝	花4月 果10月	主木
雪松	松科针叶高木	土质不限	喜阳	强健耐寒气，有剪定力和移植力	花10~11月 果隔年秋天	单植在草坪庭院，或当树篱，遮掩
日本花柏	松柏科针叶高木	略潮湿的土壤	喜阳	树势强健，萌芽力强，耐剪定	花4月 果9~10月	西洋的庭院、草坪庭院
金丝桃	藤黄科半长绿低木	土质不限	喜阳	成长快，萌芽力强，耐剪定	花6月以后 果10月	单植在草坪庭院，或下木、固根
垂枝丝柏	松柏科针叶高木	水多的土壤	喜阳	成长普通，可轻度剪定，移植困难，圆锥形树形很美	花4月 果9~10月	单植、列植在草坪庭院
圆叶火棘	蔷薇科阔叶小高木	土质不限	喜阳	成长快，萌芽力强，可以强度剪定，移植力差	花5~6月 果10月	单植、群植在大草坪庭院
正木	卫矛科阔叶小高木	土质不限	喜阳	成长极快，强健，萌芽力强，耐剪定	花6~7月 果10月	树篱、防风
日本石柯	谷斗科阔叶高木	土质不限	喜半阳	成长快，耐强度剪定，有移植力	花6月 果10月	防风、遮掩、植栽
豆黄杨	冬青科阔叶低木	有湿气的土壤	喜半阳	成长慢，萌芽力强，耐强度剪定，可移植	花5~6月 果10月	列植、固根、树篱
野木瓜	通草科常绿藤木	肥沃的土壤	喜半阳	成长快，可强度剪定	花5月 果10月	篱笆、棚架
细叶冬青	冬青科阔叶高木	湿气的肥地	喜阳	成长略慢，耐强度剪定，大树也可移植	花4月 果10月	主木、树篱、遮掩
厚皮香	山茶科阔叶高木	肥沃的土壤	喜阳	成长慢，不可剪定，有移植力	花7月 果10月	主木单植于大庭院
八角金盘	五加科阔叶低木	潮湿的土壤	喜半阳	耐阴地，萌芽力差，不可剪定	花11月 果隔年4月	遮掩、防风、门前、茶庭

树木名	科名与形态	适地	日照	特点	花期、果期	用途
野山茶	山茶科阔叶高木	肥沃土壤	喜阳	成长略慢，不可剪定，常有病虫害	花 2~3 月 果 10 月	单植、遮掩、树篱
杨梅	杨梅科阔叶高木	肥沃土壤	喜阳	成长慢，深根性，剪定力强，可移植，无病虫害	花 4 月 果 7 月	主木、玄关前、树篱
交让木	交让木科阔叶高木	肥沃土壤	喜半阳	成长不快，不可剪定，缺乏萌芽力，也缺乏耐寒性	花 4~5 月 果 11 月	建筑物北侧、遮掩、植栽
小叶罗汉松	罗汉松科针叶高木	有水的土壤	喜阴	成长快，树势强健，可以剪定、移植	花 5 月 果 10 月	主木、门盖、树篱

●落叶树

树木名	科名与形态	适地	日照	特点	花期、果期	用途
梧桐	梧桐科阔叶高木	土质不限	喜阳	成长快，耐剪定，移植力强	花 6~7 月 果 10 月	大庭院
八仙花	虎耳草科阔叶低木	肥沃有湿气的土地	喜阴	成长快，萌芽力强，可以剪定	花 6~9 月 不结果	池端、大树之间、建筑物北侧
梅树	蔷薇科阔叶高木	肥沃的沙质土	喜阳	成长快，有剪定力，有病虫害，可移植	花 2~3 月 果 6 月	主木、袖垣的点缀木
落霜红	冬青科阔叶低木	土质不限	喜阳	成长快，可强度剪定，萌芽力强	花 6 月 果 10 月	玄关旁、池端、石附
齐墩果	齐墩果科阔叶小高木	土质不限	喜阳	成长快，不可剪定	花 5~6 月 果 10 月	列植在杂木庭院
金雀儿	豆科阔叶低木	土质不限	喜阳	成长极快，有剪定力，萌芽力强	花 4~5 月 果 10 月	单植在草坪庭院，或当树篱、边界
槐树	豆科阔叶高木	肥沃深层土	喜阳	成长略快，有剪定力，是吉祥树	花 7~8 月 果 10 月	单植、列植在前庭
蝴蝶树	忍冬科阔叶低木	土质不限	喜阳	成长慢，可以轻度剪定	花 4~5 月 不结果	单植在玄关旁等
海棠	蔷薇科阔叶小高木	排水好的土壤	喜阳	成长快，可进行剪定	花 4~5 月 不结果	门、玄关旁、池端
连香树	车香树科阔叶高木	水丰富的肥沃地	喜阳	成长快但不耐剪定，有移植力，无病虫害	花 5 月 果 10 月	当主木群植
荚蒾	忍冬科阔叶低木	土质不限	喜半阳	成长略快，树势强健，有剪定力	花 5~6 月　果 10~11 月	杂木庭院
木瓜	蔷薇科阔叶高木	向阳的深层土	喜阳	成长快，可剪定、移植，有耐寒性	花 4 月 果 10 月	单植在门旁等
栎树	谷斗科阔叶高木	土质不限	喜阳	成长快，枝叶茂盛，可欣赏自然树形	花 5 月 果 11 月	杂木庭院
茱萸	茱萸科阔叶低木	肥沃湿润土	喜阳	成长快，树势强健，有移植力	花 4~5 月 果 10 月	单植、门前
榉木	榆树科阔叶高木	肥沃深层土	喜阳	成长快，萌芽力强，耐剪定有耐风性	花 4~5 月 果 10 月	绿荫树
麻叶绣球	蔷薇科阔叶低木	肥沃土壤	喜阳	成长快，萌芽力强，可剪定	花 4~5 月 果 10 月	列植、门前
小枹	谷斗科阔叶高木	肥沃深层土	喜阳	成长略快，可欣赏自然树形	花 5 月 果 10 月	群植、列植在杂木庭院
日本辛夷	木兰科阔叶高木	肥沃深层土	喜阳	成长快，有移植力，不可剪定	花 3~4 月 果 9 月	单植、常绿树前
石榴	石榴科阔叶高木	土质不限	喜阳	成长快，有移植力，剪定徒长枝	花 6~7 月 果 10 月	单植在门或玄关旁
百日红	千屈菜科阔叶高木	土质不限	喜阳	成长快，有剪定力，树势强健	花 7~9 月 果 10 月	当作主木单植在草坪庭院
山茱萸	山茱萸科阔叶高木	土质不限	喜阳	成长快，树势强健，有剪定力和耐寒性	花 3~4 月 果 10 月	单植在大庭院
垂枝梅树	蔷薇科阔叶高木	肥沃沙质土	喜阳	成长快，有剪定力，长枝会下垂，十分美丽	花 2~3 月 果 6 月	主木
垂枝槐树	豆科阔叶高木	肥沃深层土	喜阳	成长略快，有剪定力，吉祥树，枝会下垂	花 7~8 月 果 10 月	单植
垂枝樱树	蔷薇科阔叶高木	肥沃深层土	喜阳	成长快，缺乏剪定力和移植力，枝会下垂，外观优美	花 4 月 果 6 月	主木
垂枝枫	槭树科阔叶低木	肥沃深层土	喜阳	成长快，不耐剪定，可移植	花 4~5 月 果 10 月	高木的下木、遮灯、石附
垂柳	柳科阔叶高木	土质不限	喜阳	成长极快，有剪定力，移植力弱	花 3~4 月 果 8 月	单植在大草坪庭院
星花木兰	木兰科阔叶小高木	肥沃深层土	喜阳	成长快，有移植力	花 3~4 月 果 9 月	单植、常绿树前
粉花绣球	蔷薇科阔叶低木	土质不限	喜阳	成长快，树势强健，不可混植	花 5~6 月 果 10 月	单植、群植在草坪庭院
白桦	桦木科阔叶高木	土质不限	喜阳	成长快，不可剪定，怕公害、病虫害	花 5 月 果 9 月	群植在杂木庭院
白棣棠	蔷薇科阔叶低木	土质不限	喜阳	成长快，树势强健	花 4~5 月 果 8 月	单植、群植在茶庭或露地庭
苇樱	蔷薇科阔叶高木	肥沃土壤	喜阳	成长快但寿命短，不可剪定或移植	花 4 月 果 6 月	大庭院的主木

树木名	科名与形态	适地	日照	特点	花期、果期	用途
赤　　杨	桦木科阔叶高木	土质不限	喜阳	成长快，有移植力，可欣赏自然树形	花4~5月 果10月	单植在杂木庭院
铁　线　莲	毛茛科落叶藤本	土质不限	喜阳	成长快，可以剪定，有耐寒性	花5~6月 不结果	拱门、格子架、棚架
满　天　星	石竹科阔叶低木	土质不限	喜阳	成长略慢，萌芽力强，耐强度剪定	花4~5月 果10月	主木、树篱、圆形造型树
七　叶　树	七叶树科阔叶高木	肥沃深层土	喜阳	成长略快，有萌芽力，剪定力差	花5~6月 果10月	主木、单植
桫　　椤	桫椤科阔叶高木	向阳肥沃地	喜阳	成长略快，不可剪定，花和树干很美	花6~7月 果10月	单植、玄关旁、草坪庭院
卫　　矛	卫矛科阔叶低木	向阳干燥地	喜阳	成长略快，有萌芽力、剪定力，红叶很美	花5~6月 果10~11月	池端、石附、门前
刺　　槐	豆科阔叶高木	土质不限	喜阳	成长快，萌芽力强，剪定力强，耐公害	花5~6月 果10月	大草坪庭院
紫　　葳	紫葳科落叶藤本	土质不限	喜阳	成长快，可剪定，花很美但有毒	花7~8月 不结果	杆子、格子架、棚架
鸡　爪　槭	槭树科阔叶高木	肥沃深层土	喜阳	成长快，不耐剪定，可移植	花4~5月 果10月	单植、遮灯、石附
圆　锥　绣　球	虎耳草科阔叶低木	土质不限	喜半阳	成长快，萌芽力强，可以剪定	花7~8月 果10月	池端、常绿树的下木
羽　扇　槭	槭树科阔叶高木	有湿气的肥沃土地	喜阳	成长快，不耐剪定，可移植	花5月 果10月	单植或群植在露地庭、池端
胡　枝　子	豆科阔叶低木	向阳肥沃地	喜阳	成长快、有萌芽力，耐剪定	花7~9月 果10月	单植、群植在大庭院、草坪庭院
白　玉　兰	木兰科阔叶高木	肥沃深层土	喜阳	成长快，缺乏移植力，不耐剪定	花3~4月 果10月	单植在大庭院
紫　　荆	豆科阔叶低木	土质不限	喜阳	成长快，不要剪定，有移植力	花4月 果10月	沿着草坪庭院、建物单植
花　瑞　木	山茱萸科阔叶高木	土质不限	喜阳	成长略快，有耐寒性，花和红叶很美	花4~5月 果10月	单植、列植在大庭院
赤　旃　檀	山茶科阔叶小高木	肥沃地	喜阳	成长略快，不耐剪定，花和树形很美	花6~7月 果10月	茶庭、玄关旁
楸　　子	蔷薇科阔叶低木	土质不限	喜阳	成长快，树势强健，具有萌芽力	花4~5月 果9~10月	草坪庭院或西洋庭院
少花蜡瓣花	金缕梅科阔叶低木	土质不限	喜阳	成长快，有剪定力，可欣赏早春的花	花3~4月 果10月	下木、前面、池端
紫　　藤	豆科阔叶低木	潮湿的土壤	喜阳	成长快，爱水分，有萌芽力，可强度剪定	花4~5月 果10月	棚架、篱笆、单植
厚　　朴	木兰科阔叶高木	肥沃深层土	喜阳	成长快、移植力差，不可剪定	花5月 果10月	单植在大庭院
宣　木　瓜	蔷薇科阔叶低木	潮湿的沙壤土	喜阳	成长快、可移植，有剪定力	花3~4月 果10月	下木、门前、石附
牡　　丹	毛茛科阔叶低木	沙壤土	喜阳	早春发芽，花美，可移植，耐寒气	花5~6月 果9月	门前、石附、下木
檀　　木	卫矛科阔叶低木	土质不限	喜阳	成长快，有剪定力	花5~6月 果10月	单植在茶庭，或在植栽前面
金　缕　梅	金缕梅科阔叶低木	土质不限	喜阳	成长快，靠剪定整理树形，早春的花很美	花2~3月 果9月	茶庭、露地庭、玄关旁
三　叶　杜　鹃	杜鹃花科阔叶低木	土质不限	喜阳	成长快，有萌芽力，可剪定	花4月 果10月	常绿树的下木、池端、园路
日　本　紫　珠	马鞭草科阔叶低木	土质不限	喜阳	成长略快，有剪定力，果实很美	花6月 果10~11月	茶庭、池端、杂木庭院
金　雀　花	豆科阔叶低木	土质不限	喜阳	成长快，树势强健	花4~5月 不结果	下木、固根、石附
木　　兰	木兰科阔叶低木	土质不限	喜阳	成长快，移植力差，不可剪定	花4~5月 果10月	单植在大庭院
棣　　棠	蔷薇科阔叶低木	肥沃湿润土	喜半阳	成长快，有剪定力	花4~5月 果9月	单植、群植、下木、门前、树篱
四　照　花	山茱萸科阔叶高木	土质不限	喜阳	成长快，树势强健，可欣赏黑红色的树干和花	花6~7月 果8月	大庭院的主木
山　红　叶	槭树科阔叶高木	肥沃深层土	喜阳	成长快，不可剪定，有移植力	花4~5月 果10月	池端、遮灯、石附
雪　　柳	蔷薇科阔叶低木	土质不限	喜阳	成长快，有移植力	花3~4月 果10月	门前、下木、列植
山　樱　桃	蔷薇科阔叶低木	土质不限	喜阳	成长略慢，可轻度剪定	花4~5月 果6~7月	下木、固根
紫　丁　香	木樨科阔叶小高木	土质不限	喜阳	成长快，树势强健，有耐寒性	花4~5月 果10月	单植、合植
山　　柳	桤叶树科阔叶高木	土质不限	喜阳	成长快，有萌芽力和剪定力	花7~9月 果10月	杂木庭院
连　　翘	木樨科阔叶低木	土质不限	喜阳	成长极快，剪定力大，有耐寒性	花3~4月 果9月	单植、列植、树篱
黄　杜　鹃	杜鹃花科阔叶低木	土质不限	喜阳	成长快，有萌芽力，可以剪定	花4~6月 果10月	常绿树的下木、池端、园路

庭院用花草一览表

●一年草

花名	花色	栽种时期（月）	株高（cm）	开花期（月）											
				1	2	3	4	5	6	7	8	9	10	11	12
紫罗兰	红、白、桃、紫	8~9	20~60												
三色堇	红、白、青、黄、紫	8~9	15												
菊花类	白、黄	9下	15												
雏菊	红、黄、桃	8~9	20												
石头花	白	9下	50												
金鱼草	红、黄、桃、白	9下	30~80												
香豌豆	红、白、紫、桃	9下	20~150												
庭荠	红、白、紫、桃	9~10	10												
丽春花	红、白、桃	9下	80												
勿忘我	白、桃、紫青	9下	25												
小金盏花	黄、橙	9下	40												
矢车菊	白、桃、红、青、紫	9下~10	80												
石竹	白、桃、红	9下	20												
山梗菜	红、紫、白	9下	20												
花菱草	黄、橙	9下	20												
勋章菊	红、白、黄、橙	9~10	20~30												
勿忘我	青	9下	25												
黑种草	青紫	9~10	60~70												
金莲花	黄、橙	4	30												
藿香蓟	白、紫、青	4	30												
波斯菊	黄	9下	50												
矮牵牛	红、白、桃、紫	4	30												
万寿菊	黄、桃、橙	4	70												
古代稀	红、白、桃、紫、橙	3	25~80												
半枝莲	红、白、黄、桃	4	20												
非洲凤仙花	红、白、桃、橙	3~6	20~30												
一串红	红、白、紫、桃	4	50												
百日草	红、白、黄、桃	4	40~60												
紫茉莉	黄、白、桃	4	30~50												
松叶牡丹	红、白、黄、桃	4	20												
瞿麦	红、白、桃、紫	4	10~50												
凤仙花	红、白、桃、紫	4	40												
彩叶草	红、黄	4	50												
长春花	红、白、桃、紫	5~6	30~60												
大波斯菊	红、白、桃	3~5	100												
鸡冠花	红、黄	3~5	40~120												
向日葵	黄、橙	3~4	100~200												
千日红	白、桃	3~4	40~50												
牵牛花	白、红、紫、桃	5	150~200												

●宿根草、球根

	花名	花色	栽种时期（月）	株高（cm）	开花期（月）											
					1	2	3	4	5	6	7	8	9	10	11	12
宿根	金盏花	黄、白	11~12	15~25												
	多花蔷薇	红、白、黄、紫、桃	9~10	50												
	木春花	红、白、桃	9~10	10~50												
	尖叶福禄考	红、白、桃	9下	10												
	太阳花	红、白、黄、橙	3~4	30~40												
	菖蒲	紫	5~6	30												
	康乃馨	白、红、紫、黄、桃	10	40												
	铃兰	白	10~11	20												
	铁线莲	白、红、紫青	10~11	100												
	芍药	红、白、紫、桃	9	60												
	松叶菊	桃、白、黄	10	15												
	六月菊	紫、桃	10	20~40												
	桔梗	白、紫青	3~4	40~50												
	观花海棠	红、白、桃	5~6	20												
	爵床	淡青	3~4	100												
	火焰百合	黄、橙	3下	100												
	费菜	黄	10	30												
	败酱	黄	3下	70												
	红秋葵	白、桃、红	3	100~200												
	秋海棠	桃	3	30												
	油点草	白、黄、橙、紫	3下	50												
	秋牡丹	白、桃、红	3	60~80												
	龙胆	白、紫青	10	50~70												
	圣诞玫瑰	白、桃、茶、紫	10	15~70												
球根	藏红花	白、黄、紫	10	15												
	水仙	白、黄	9下~10	30~40												
	银莲花	红、白、紫	10	30												
	风信子	红、白、黄、桃、紫	10	30												
	小苍兰	红、白、黄、紫	9下~10	40												
	雪片莲	白	10	30~40												
	葡萄百合	青、白	10	10~20												
	樱茅	白、红	3	10												
	郁金香	红、白、紫、黄、桃	10	40												
	百合水仙	红、黄、桃、白	10	30~70												
	大丽花	红、白、紫、黄、桃	3下~4	30~90												
	剑兰	红、白、黄、紫、桃	3下~5	50~90												
	孤挺花	红、白、桃	3下~4	45~60												
	美人蕉	红、黄、橙、桃	3下~4	70~150												
	百合	白、黄、红、桃	10	30~100												
	彩叶芋	白、红	4~5	40												
	水芋	白、黄、桃	3下~4	50												
	番红花	紫	9	15												

著作权合同登记号：图字13-2012-110

图书在版编目（CIP）数据

现代日式庭院设计 /（日）三桥一夫 （日）高桥一郎著；张乔译. —福州：福建科学技术出版社，2014.1（2019. 2重印）
ISBN 978-7-5335-4418-8

Ⅰ. ①现… Ⅱ. ①三… ②高… ③杨… Ⅲ. ①庭院－园林设计－日本－现代 Ⅳ. ①TU986.2

中国版本图书馆CIP数据核字（2013）第277816号

书　　名	**现代日式庭院设计**
著　　者	（日）三桥一夫 （日）高桥一郎
译　　者	张乔
出版发行	海峡出版发行集团 福建科学技术出版社
社　　址	福州市东水路76号（邮编350001）
网　　址	www.fjstp.com
经　　销	福建新华发行（集团）有限责任公司
印　　刷	福建新华印刷有限责任公司
开　　本	889毫米×1194毫米 1/16
印　　张	11
图　　文	176码
版　　次	2014年1月第1版
印　　次	2019年2月第4次印刷
书　　号	ISBN 978-7-5335-4418-8
定　　价	68.00元